朱家琛　蒋成勇　编著

铸造合金与加工实例

Casting Alloy and Machining Examples

U0286999

化学工业出版社

· 北京 ·

该书首先对生产实践中必备的金属学的基础知识进行介绍，然后重点对特殊性能合金钢（耐蚀、耐锈、耐高温、耐磨合金钢）、特殊性能铸铁、有色金属合金等的生产和加工技术进行了论述，最后对铸造合金加工中存在的重点问题以一问一答形式进行了论述。希望能够对从事铸造合金研究，生产及应用的技术人员有所指导。

图书在版编目（CIP）数据

铸造合金与加工实例/朱家琛，蒋成勇编著．—北京：
化学工业出版社，2017.2
　　ISBN 978-7-122-28869-1

　　Ⅰ．①铸…　Ⅱ．①朱…②蒋…　Ⅲ．①铸造合金-熔炼
Ⅳ．①TG136

中国版本图书馆 CIP 数据核字（2017）第 008665 号

责任编辑：赵卫娟　　　　　　　　　　　装帧设计：刘丽华
责任校对：王素芹

出版发行：化学工业出版社（北京市东城区青年湖南街 13 号　邮政编码 100011）
印　　装：北京云浩印刷有限责任公司
710mm×1000mm　1/16　印张 9¼　字数 155 千字　2017 年 3 月北京第 1 版第 1 次印刷

购书咨询：010-64518888（传真：010-64519686）　售后服务：010-64518899
网　　址：http://www.cip.com.cn
凡购买本书，如有缺损质量问题，本社销售中心负责调换。

定　　价：58.00 元

前　言

　　材料特别是金属材料的性能与其加工处理工艺过程具有极其密切的关系，因此材料专业的研究包括"科学"与"工程"两个部分，二者具有同等重要性。国内外关于金属材料方面的专业教材和参考书虽然也很多，从内容、深度和侧重点上虽有不同，但大多以系统地介绍"科学"方面的知识为主，而涉及具体工艺的"工程"方面的内容相对较少。这可能与这些书的作者有的主要在高校或科研院所从事科学研究，有的在企业生产第一线的工程技术人员因各方面原因很少系统编写专著有关。

　　本书与其他相关参考书不同，并不是系统全面地介绍金属学的相关知识点，而是以金属学中的知识为基础，更强调金属材料生产中的具体工艺过程，使读者在书中了解到生产中的具体操作过程。因此本书较有助于金属材料专业的本科生及从事相关生产的科研人员掌握材料具体生产工艺。

　　本书主要从金属材料的生产过程着手，第一章介绍了在生产实践中所必须掌握的金属学部分基础知识；第二章重点介绍了耐热钢、耐蚀不锈钢以及耐磨钢等铸钢的特点及制备工艺；第三章介绍了球墨铸铁、蠕墨铸铁、耐热铸铁等特殊性能铸铁的工艺特点；第四章介绍铜合金、铝合金及镁合金等常用有色合金的熔炼及加工工艺；第五章对在科研及生产实践中的常见问题进行了解答。

　　本书由沈阳铸造研究所副总工程师、教授/研究员级高级工程师朱家琛编撰，作者根据几十年的科学研究与生产经验，收集了国内外相关的技术资料，并将自己的研究成果和实践经验进行了整理与汇编，希望能对相关科研人员有所帮助。全书由辽宁大学蒋成勇副教授负责整理修改。

　　由于编者水平所限，书中定会有疏漏和不当之处，恳请读者批评指正。

　　本书在编写过程中得到化学工业出版社、沈阳铸造研究所、辽宁大学等单位的领导和老师的大力支持，在此向他们表示衷心的感谢。

编著者

2016 年 10 月

辽宁沈阳

目 录

第三章　特殊性能的铸铁　　39

第一章

金属学基础

一般所谓的金属是指特定的元素或元素基团构成的材料，且通常具备如下 5 条性质：高的导电性、高的导热性、塑性好、强度大、有光泽。这些性能都和金属的晶体结构和电子结构密切相关，即：金属原子的自由电子在一定的电位差影响下作定向运动而产生导电性。在热能的影响下原子发生震动、自由电子运动而产生导热性。金属原子之间有较大的内聚力而表现出较大的强度，原子面之间相对滑移晶体变形时，正离子和自由电子之间仍保持着结合力（键），因而表现出塑性。因吸收了能量变到激发的电子又跳回元素的低能量级位置时而发生辐射，使金属表现出光泽。同时具有上述 5 条性质的材料即是金属。

工业上应用最广泛的不是纯金属，而是两种以上元素的集合体或叫原子基团，其性能是原子基团对外界条件的反映，两种以上的原子基团称为合金。金属结构的定义是金属原子有组织的状态。合金也可看成广义的金属。研究金属材料和金属材料的生产工艺，应首先对金属结构和认识金属结构的方法有基本的了解。

金属作为最重要的材料之一，众多科研工作者，如物理及化学研究人员都在从事金属方面的研究，但材料冶金研究人员更着重通过物理、化学及工程的角度，采用显微技术及 X 射线衍射分析等手段对金属的性能与组织以及工程技术的关系进行研究。本章主要介绍金属材料与工程技术相关的检测方法，金属结构缺陷等。

第一节　金属结构的常用检测手段

一般对金属材料的检测可分为宏观与微观两个方面，这里所谓的宏观是指人眼可直接辨识的尺度，人眼可辨识的极限一般只能是 $0.1\sim0.2$ mm 间隔的质点，后来人们发明了光学显微镜，可以看到微米（$1\mu m=10^{-6}m$）级别的图像，其理论分辨率可达到 200nm（$10^{-9}m$，即纳米）。电子显微镜的发明进一步提高了人们观察微观事物的能力，如透射电子显微镜（TEM）、扫描电子显微镜（SEM）、扫描隧道显微镜（STM）和原子力显微镜（AFM）等可直接观察到 1nm 甚至更细微级别的图像。此外，人们还可借助 X 射线衍射等手段来分析原子的排列规律。

除了上述材料的分析测试技术外，工程技术人员借助实践经验总结出的一些简单的物理或化学手段对金属材料进行分析检测。常用的方法如酸浸法或磁粉法，所谓酸浸法即将试样放入 50％的硫酸或盐酸溶液中煮沸 30min，可以观察到金属的疏松与缩孔等冶金缺陷；磁粉法只能用于可以磁化的金属材料，其原理是当金属材料磁化后，在缺陷的两端就形成两个小磁极，因而吸住了铁粉，肉眼可见。

除此之外，还可以借助 X 射线或 γ 射线来分析材料的缺陷，超声波也可用于材料内部宏观缺陷的分析，其检测的精确能力虽不如 X 射线，但超声波可穿越金属，最深可达 20ft（$1ft=0.3048m$），当此超声波遇到金属内部的缺陷（如裂纹等）即发生反射，通过分析反射的超声波可断定缺陷的位置和距表面的深度。

一、显微检测分析的机理

对比不同的分析方法，金属的显微检测分析是最直观的，世界上最早使用显微镜观察金属结构的是 1841 年俄国科学家 ПП АНОСОВ，金属经机械抛光或电解抛光、酸溶液浸蚀后，采用显微镜观察。机械抛光常会造成金属本质上没有的影像，不如电解抛光可靠。常用的光学显微镜观察一般是放大 1000 倍，分辨率小于 200nm。电子显微镜如 TEM 可放大到几万甚至几十万倍以上，分辨率可达 1nm。二者之间有如此悬殊的差距主要是由显示机理不同所决定的。分辨率指显微镜能分辨的样品上两点间的最小距离。以物镜的分辨本领来定义显微镜的分辨率。波长是透镜分辨率大小的决定因素。光学透镜分辨率 d_0 可由式（1-1）表示：

$$d_0=\frac{0.61\lambda}{n\sin\alpha}=\frac{0.61\lambda}{NA} \tag{1-1}$$

式中，λ 为照明束波长；α 为透镜孔径半角（孔径半角是物镜光轴上的物体点与物镜前透镜的有效直径所形成的角度的一半）；n 为折射率；$n\sin\alpha$ 或 NA 为数值孔径。

在介质为空气的情况下，任何光学透镜系统的 NA 值小于 1，d_0 可近似得到式(1-2)：

$$d_0 \approx \frac{1}{2}\lambda \tag{1-2}$$

由此可见透镜的分辨本领主要取决于照明光束波长 λ，光学显微镜常用的可见光波长为 400～7600nm。即使用波长最短的可见光（400nm）作照明源，其 $d_0 = 200$nm，因此 200nm 是光学显微镜分辨的极限。与光学显微镜靠可见光进行像的放大不同，电子显微镜则需要电子束的聚焦。1924 年法国物理学家德·布罗意（De Broglie）提出运动的微观粒子（如电子的运动）服从波-粒二象性的规律。这种运动的微观粒子的波长为普朗克常数 h 和粒子动量的比值，即

$$\lambda = \frac{h}{mv} \tag{1-3}$$

对于电子来说，m 为电子质量；v 为电子运动的速度。初速度为零的自由电子从零电位达到电位为 U（单位为 V）的电场时电子获得的能量是 eU：

$$\frac{1}{2}mv = eU \tag{1-4}$$

当电子速度 v 远远小于光速 C 时，电子质量 m 近似等于电子静止质量 m_0，由上述两式整理得：

$$\lambda = \frac{h}{\sqrt{2em_0U}} \tag{1-5}$$

将常数代入式(1-5)，将得到：

$$\lambda = \frac{1.26}{\sqrt{U}} \quad (nm) \tag{1-6}$$

对于 TEM 来讲，采用不同加速电压下所得到的电子束波长如表 1-1 所示。当加速电压为 100kV 时，电子束的波长约为可见光波长的十万分之一。因此，若用电子束作照明源，显微镜的分辨率要高得多。但是，电磁透镜的孔径半角的典型值仅为 10^{-2}～10^{-3}rad。如果加速电压为 100kV，孔径半角为 10^{-2}rad，那么分辨率为：

$$d_0 = 0.61 \times 3.7 \times 10^{-3}/10^{-2} = 0.225(nm) \tag{1-7}$$

这样将照明光源由可见光换成电子束，将光学透镜换成电磁透镜后，透射电子显微镜的分辨率要远高于光学显微镜，当然上述结果是基于理论计算上的，实际上因仪器设备的限制，光学显微镜和透射电子显微镜的分辨率要低于上述结果。

表 1-1 不同加速电压下的电子束波长

加速电压/kV	20	30	50	100	200	500	1000
电子波长/10^{-6}nm	8.59	6.98	5.36	3.70	2.51	1.42	0.687

因为电子的穿透能力的限制，TEM 制备金属样品时，需进行多次减薄处理，以便于电子穿透样品，但在减薄过程中易引入新的缺陷或使原本的缺陷发生变化，因此经常将金属样品覆膜后进行观察。先电解抛光试片，再在此抛光面上覆以溶化后的透明胶，当胶凝固后，扯下胶膜，用 TEM 观察此胶膜，这叫做透明复型试片。

二、金属的微观结构

一般情况在光学显微镜下即可看出晶粒的大小，一个晶粒由单晶体构成，晶粒之间的边界即常说的晶界。晶粒和晶界常是冶金工作者经常研究的对象之一。研究发现细晶粒的金属或合金，常温时力学性能高，粗晶粒的高温性能高，这是因晶界的影响。晶界具有类似玻璃的性质，在室温时晶界本身有黏滞性，但晶界与玻璃非晶质并不完全相同，粗晶粒金属由于晶界少，所以高温强度比细晶粒的高，这种特性对于应用在常温和高温工作条件的机械零件的选材有指导意义。根据结晶学原理可知，晶体是由晶核形成并长大而成，晶粒的大小与晶核的多少成反比，无论是纯金属还是合金，其显微组织的形成都是与原子的扩散情况有关，即使化学成分相同，由于外界条件的影响，形成的显微组织不同，因此其宏观性能也各异（例如灰铸铁与球墨铸铁）。金属显微组织中不可避免的另一类物质就是夹杂物，它引起金属内部脆弱或应力集中，夹杂物切断了金属组织的连续性，阻碍了应力的通过，而使被切断地区的两个面积上受力不同，导致金属的强度极限降低。当外界条件引发微粒子沉淀时，则金属的纤维组织变硬，强度增加，塑性下降，比如时效处理，在铝合金生产中常利用这种反应。

金属晶体的晶型对材料性质也起重要作用。晶体分为立方、四方、六方、菱方、斜方、单斜和三斜七大晶系，以及 14 种布拉菲点阵（A. Bravis）。与无机非金属材料相比，金属材料的晶体结构相对简单，特别是铁碳合金的晶型，有三种重要形式：面心立方（FCC）、体心立方（BCC）和密排六方（HCP）。为什么存在这三种晶型。其机理到现在尚不清楚，尤其是铁元素在不同温度下发生同素异晶的转变（$\Gamma \rightleftharpoons \alpha$），其机理仍未明晰，但是这种同素异晶的变化规律却给热处理奠定了基础。已知即使晶体的形式相同，但每个晶体的位向并不相同，所以晶体就表现出两个特性：方向性和滑移性。这两种性质紧密相伴而存在，晶体滑移

通常在原子最密堆的晶面上发生，滑移方向一般发生在最密堆的方向上，以铜
（FCC）、α铁（BCC）和镁（CPH）为例。铜有4组最密堆面，每面有三个最密堆
方向，共计有12个滑移方向。而α铁的原子密堆程度小于铜，故其塑性小于铜。
而镁只有两个原子最密堆面（垂直于纵轴的平面），每面有两个最密堆方向，共有
4个滑移方向，所以，以塑性原理而论，铜＞α铁＞镁，晶型的示意如图1-1所示。

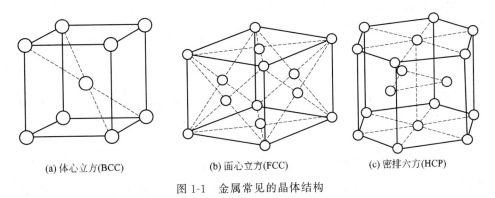

(a) 体心立方(BCC)　　　　(b) 面心立方(FCC)　　　　(c) 密排六方(HCP)

图1-1　金属常见的晶体结构

以上所述晶体的结晶是金属学者所推测假设的，实际上各原子间距是很小
的，一般小于10^{-10} m（即1Å），或是互相接触的（空位除外），即最密堆方向原
子是互相接触的，其他方向有极小的间距，各原子之间除了有"力"之外，无其
他东西，所以有的学者视为原子点阵，而不叫晶格。

多元素的合金，其结晶比纯金属复杂，例如某合金是由A、B两元素组成，
当A元素之间的吸引力大于A与B之间的吸引力，同时B元素之间的吸引力也
大于A与B之间的吸引力，合金的显微结构就由A与B两种原子共同组成，这
是由于每类元素的原子内聚力大于异类元素对其吸引力。所形成的合金的性能
介于A、B元素原有的性能之间。反之，当异类原子之间的吸引力大于同类原子
之间的吸引力时，则可能出现诸如金属化合物（也叫金属互化物）结构，金属化
合物的晶体类型不同于它的分组金属，自成新相。当异类元素的原子之间的吸引
力近似于每类元素之间的吸引力时，则形成固溶体。通常金属化合物的晶体结构
复杂，对称性差，所以表现出性能脆而无塑性。

合金固溶体分为取代式固溶体（也称置换式固溶体）和间隙式固溶体，形成
取代式固溶体需满足如下条件：两种原子的晶体结构必须相同；两种原子的半径
差小于15%；两种原子的电负性必须相差不大；两种原子必须有相同的化合价。
取代式固溶体的特点是A原子溶于B原子的晶格，但不改变B原子的晶体结构
（如α黄铜），此种固溶体叫做初期固溶体，其性能比B原子晶体稍强，因为锌的

原子尺寸比铜原子大，当锌取代部分铜原子后，引起铜晶体的畸变，产生应力，而使该固溶体的硬度和强度比纯铜高（指溶入锌小于 40％的条件下）。当溶入锌大于 40％时，就不能维持 α 黄铜的面心立方晶格而变成 β 黄铜（体心立方）了。此时铜和锌原子之间的吸引力大于铜对铜、锌对锌原子之间的吸引力，以致形成了有序的固溶体，硬度较 α 黄铜大。

间隙式固溶体，A 原子溶入 B 原子的晶体，完全不取代任何 B 原子。需具备的条件是 A 原子半径/B 原子半径≤0.59，例如：H 的原子半径 $r_H=0.46$Å，O 的原子半径 $r_O=0.6$Å，N 的原子半径 $r_N=0.71$Å，γ 铁的原子半径 $r_γ=1.26$Å，r_H、r_O、r_N 比 $r_γ$ 都小于 0.59，所以氢、氧、氮都可以溶于 γ 铁的晶格中，碳也可溶于 γ 铁及 α 铁，但由于 α 铁的晶体间隙比 γ 铁的晶体间隙小（前者为 0.36Å，后者为 0.52Å），所以 γ 铁中溶入碳达 20.％，而 α 铁只能溶入碳 0.025％（见图 1-4）。

目前研究晶体结构的工具以衍射仪为主，主要包括 X 射线衍射仪、电子衍射仪和中子衍射仪，其中 X 射线衍射是最早，也是目前最常用的用于测试晶体结构的仪器，包括单晶衍射与多晶粉末衍射，既可测试未知晶体的晶体结构，也可利用已知晶体的结构进行物相分析，是目前材料研究最基本的测试仪器之一。

而电子衍射仪通常和 TEM 结合在一起进行微观选区衍射，与 X 射线衍射相比具有下列特点。

（1）电子波的波长比 X 射线短得多，如 200kV 加速下电子波 λ 为 0.00251nm，故衍射角小得多，其衍射谱可视为倒易点阵的二维截面，使研究晶体几何关系变得简单。

（2）电子衍射束的强度较大，拍摄衍射花样时间短。因为原子对电子的散射能力远大于对 X 射线的散射能力。

（3）电子衍射使形貌观察和结构分析能同时完成。可进行选区电子衍射。

（4）电子衍射有利于寻找原子位置。

（5）影响电子衍射的强度因素很复杂，不能像 X 射线那样通过强度来测试结构。

中子衍射中由于中子不带电，一般不与物质中的电子发生散射作用，而是与原子核发生作用，因此中子衍射、X 射线和电子衍射能相互补充。但一般中子源由反应堆中获得，因此价格昂贵，使用也不如前两者方便。

三、 金属的结构和性能的关系

原子核由带正电的质子与电中性的中子组成，中子与质子质量相等，质子与外层电子的电荷量相等，外层轨道上的电子数由内而外最多按 2、8、18、32 数量排列，每层电子又包含电子 s、p、d、f 的亚层，例如金属钠原子共有 11 个电子，即原子中心有 11 个质子与 10 个排满了的电子形成一个带正电的整体，剩下一个电子排在最外层，钠的电子结构式 $3s^1$，此电子多为价电子，价电子数目越少，其活泼性越大。而金属原子的价电子数都是比较少（例如 $Fe4s^2$，$Cu4s^1$，$Al3s^2$ 等），可自由活动金属的价电子形成所谓的电子气，这种自由电子气游动于金属正离子的外围，当外力尚不能拉开这种电子气与金属正离子之间的吸引力，而只能发生变形时，就造成了金属的延展性。正是这种延展性，使金属的强度比其他材料要大，只有当外力增大到使金属正离子的变形超过极限，金属正离子被拉开时，金属才会发生断裂（这就是常说的强度极限）。离子化合物（NaCl）的原子间吸引力是由带正电的钠离子与带负电的氯离子之间的离子键构成，不存在金属的延展性，因此表现为脆性大，而强度特别是拉伸强度很低。金属的导电性和导热性就是由于价电子游动和互相碰撞传递的结果，金属的光泽也是由于价电子将射入的光反射出去的结果。非金属元素不存在活泼的价电子，因此表现其导电、导热性均差。

金属晶体因热力学稳定性的原因，内部必定会存在一定的浓度缺陷。此外，金属在加工过程中也会形成大量的不同类型的缺陷，而这种缺陷对材料的性质，特别是力学性能起着至关重要的作用。有些晶体上的缺陷使金属材料的机械强度比理论计算出的强度小 3～4 个数量级，如缺陷浓度很低的金属铁晶须，当直径为 0.05～0.001μm 时，拉伸强度（σ_b）可达 13GPa，远高于常规的铁的强度。单晶硅的拉伸强度即接近理论强度。因此缺陷对金属的力学性能起决定性作用，一般金属晶体的缺陷可根据其几何尺寸分为以下几种。

（1）零维缺陷　也称点缺陷，如空位、间隙原子等。点缺陷主要影响着材料的电学、光学、密度及屈服强度等性质，如在离子晶体中，典型的弗兰克尔缺陷（Frenkel defeat）和肖特基缺陷（Schottky defeat）对其电导性影响十分明显，色心（color center）等点缺陷则对材料的光学影响很大。

（2）一维缺陷　也称线缺陷。最典型的线缺陷就是位错，包括刃位错（edge dislocation）和螺位错（screw dislocation），金属材料的塑性变形可以通过位错移动来实现，因此对金属加工起重要作用。

（3）二维缺陷　也称面缺陷，如晶界（grain boundary）。金属材料中，晶界对材料的性能影响很大，如同向的晶体可能组成一个晶粒，但晶粒的位向不相同，晶粒间界既可按 A 晶粒的位向排列，又可按 B 的位向排列。因而晶界的结构是松散的，高温时易于滑移，故细晶粒金属高温强度低。而在室温下，晶界可分散其形变，同时阻碍位错移动，因此细晶金属又表现出更高的塑性和强度。

（4）三维缺陷　也称体缺陷，如在金属冶炼中形成夹杂、裂隙，通常此类缺陷对材料起到不利的影响。

第二节　铁碳合金的平衡状态图

多相平衡是物理化学当中重要的组成部分，是科研生产过程中所遵循的规律，而合金的平衡相图则是以此为基础发展起来的，而且合金的平衡体系又是主要研究固体和液体存在的"凝聚系统"，此外在实际生产加工中，系统处于一种非平衡状态，因此研究合金的平衡状态图是为了了解合金在平衡状态时元素的成分、组织状态的分布等，由此可推论不平衡状态的情况。

一、相的平衡

假设完全没有热振动的影响（绝对零摄氏度以下），原子之间仅有原子间的力在起作用，则物质处于平衡状态，此时物质的内能最低。如果物质是晶体，则需把熵加进去考虑，熵（代号 S）表示无序状态，即当物质处于混乱状态才有熵，有序状态熵就等于零，因为物质总是趋向于稳定状态，比如氢和氧总是不可能自己分开单独存在；热总是向低温的物质传导。物质平衡时还需以吉布斯Gibbs自由能（也称热力势）最低作为一个条件。热力学定律是对金属、非金属、固体、液体、气体物质平衡能量关系的定律。关系式：$G=U-TS+PV=H-TS$（TS 为绝对温度与温度下熵的乘积，PV 通常是大气压与体积之积）。

相（phase）在物理化学中是最为基本的概念之一，也是材料科学的基础，所谓的相是体系内部物理和化学性质完全均匀的部分。相与相之间在指定条件下有明显的界面，在界面上宏观性质的改变是飞跃式的。美国理论物理学家吉布斯相律：即在热力学平衡条件下，系统的组分数、相数和自由度数之间的关系：

$$\Phi+f=C+2 \tag{1-8}$$

式中，Φ 为相数；f 为自由度；C 为系统中的组元数。

如铁碳平衡图，其相包括 α-Fe，γ-Fe，δ-Fe，Fe_3C 等。组元数：系统中每一个能够单独分离出来并能够独立存在的化学纯物质，如元素、化合物或溶液。铁碳平衡图则视为二元。变数：相律表达式中的"2"代表外界条件温度和压强。如果电场、磁场或重力场对平衡状态有影响，则相律中的"2"应为"3"、"4"、"5"。如果研究的系统为凝固态物质，可以忽略压强的影响，相律中的"2"应为

"1"。自由度是在不引起相数发生变化的条件下，可以自由（独立）变动的变数的数目，因此当有一个变数可以独立变化而不引起相的数目变化时，则叫做一个自由度。

在凝聚体系中，一般忽略压强的影响，则相律为 $f = C - \Phi + 1$。

以纯金属为例：纯金属 C 为 1，液态时相数为 1，因此自由度 f 为 1。凝固点时，Φ 相数为 2，则自由度为 0。由此可知纯金属处于平衡状态时，平衡相只能为 2，平衡状态下，金属放出的潜热必须等于金属外界所吸收的热，否则不可能呈水平线。二元合金平衡图的共晶反应 ［液体(l) $\longrightarrow \alpha + \beta$］，共析反应 （$\gamma \longrightarrow \alpha + \beta$）以及包晶反应 （$\alpha + l \longrightarrow \beta$），通过相律表明三相平衡必发生在水平线上。

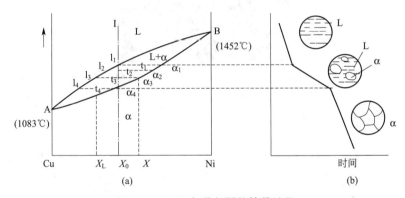

图 1-2　Cu-Ni 匀晶相图的结晶过程

偏析现象在合金中普遍存在，当合金凝固时，α 固溶体的成分不断变化，从内到外各层成分不同，形成所谓的核式组织（cored structure）。匀晶相图如图 1-2 所示，如成分为 X_0 的合金，当温度降到 1 点时，开始析出 α 固溶体，成分为 α_1。温度降到 2 点时，析出的 α 固溶体的成分为 α_2，温度降到 3 点时，析出的 α 固溶体的成分为 α_3，也就是说析出的固溶体的成分是沿固相线变化的，因此产生元素偏析是不可避免的，而且平衡图上固相线与液相线之间的间隔越大，偏析越明显。在实际生产中只有对铸件进行高温扩散退火，对锻件则在锻打之后，进行扩散退火处理来消除或减轻这种偏析。

二、金属的结晶

从能量角度来看，液体和固体的自由能不同，高温时液体的自由能较低，低温时固体的自由能较低。所以在低于熔点时，液态熔体有向结晶固体转变的趋势。金属在熔体中结晶时，可分为生核与长大两个过程。晶核的生成：此时液态金属有热振动使原子发生移动，促使某些原子形成晶核，但同时热振动又会使晶核消失，只有当晶核尺寸超过临界大小时，该晶核才能扩大。晶核的生长：开始时向四周液体中可以成为供应原子的方向凸出伸长，因此晶体有不同的结晶方向，各方向的原子密度也就各异了。又由于熔体结晶时释放的结晶潜热所形成的温度梯度的不同，使晶体长大的方向不断改变，如此交互进行，就形成了有一定晶轴的晶体，因而形成树枝状组织，如图 1-3 所示。

图 1-3　树枝状 Cu-Ni 金相显微形貌

三、铁碳合金的相变

铁碳平衡相图（见图 1-4）是用于研究铁碳合金在加热和冷却时的结晶过程和组织转变，也是研究钢铁的铸造、锻造和热处理的最重要依据之一。

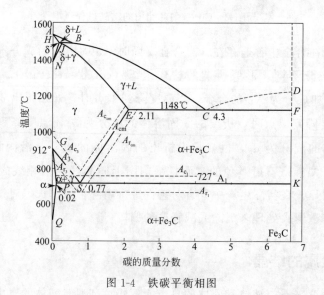

图 1-4　铁碳平衡相图

铁碳平衡相图的特征点见表 1-2。铁碳合金中常见的相与组织见表 1-3。

表 1-2　铁碳平衡相图的特征点

符号	温度/℃	W_c/%	含义	符号	温度/℃	W_c/%	含义
A	1538	0	纯铁的熔点	J	1495	0.17	包晶点
B	1495	0.53	包晶转变时液态合金成分	K	727	6.69	渗碳体成分
C	1148	4.3	共晶点	M	770	0	纯铁磁性转变温度
D	1227	6.69	渗碳体熔点	N	1394	0	γ-Fe 向 δ-Fe 的转变温度
E	1148	2.11	碳在 γ-Fe 的最大溶解度	P	727	0.022	碳在 α-Fe 的最大溶解度
G	912	0	α-Fe 向 γ-Fe 的转变温度	S	727	0.77	共析点
H	1495	0.09	碳在 α-Fe 的最大溶解度	Q	600	0.006	该温度下碳在 α-Fe 的最大溶解度

表 1-3　铁碳合金中常见的相与组织

名称	含义
液相 liquid	铁碳合金的熔融体
铁素体 ferrite	碳溶在 α-Fe 中的间隙固溶体，为体心立方结构，常用 F 或 α 表示
高温铁素体 high temperature ferrite	碳在 δ-Fe 的体心立方晶格的固溶体，由于在高温区存在，称之为高温铁素体，碳的溶解度略高于 α-Fe
奥氏体 austenite	碳溶解于 γ-Fe 中形成的间隙固溶体称为奥氏体，为面心立方晶格，常用 A 或 γ 表示
渗碳体 cementite	铁与碳形成的稳定化合物 Fe_3C 称为渗碳体
珠光体 pearlite	铁素体与渗碳体的机械混合物（F+Fe_3C），它是共析反应的产物
莱氏体 ledeburite	莱氏体是奥氏体与渗碳体的机械混合物（A+Fe_3C），常用 L_d 表示
马氏体 martensite	马氏体是碳在 α-Fe 中的过饱和固溶体，具有非常高的强度和硬度
贝氏体 bainite	过冷奥氏体在中温范围内形成的由铁素体和渗碳体组成的非层状组织，可分为上贝氏体和下贝氏体
索氏体 sorbite	钢经正火或等温转变所得到的铁素体与渗碳体的机械混合物
屈氏体 troostite	通过奥氏体等温转变所得到的由铁素体与渗碳体组成的极弥散的混合物。是一种最细的珠光体类型组织，其组织比索氏体组织还细，也有文献称之为托氏体

A_1 是共析转变温度（升温时以 A_{c_1} 表示，降温时以 A_{r_1} 表示），由 γ-Fe 转变成珠光体，无其他元素时，共析的化学成分含碳 0.78%。

A_3 是 γ-Fe 与 α-Fe 的互相转变温度（升温时以 A_{c_3} 表示，降温时以 A_{r_3} 表示）。

A_4 是 δ-Fe 与 γ-Fe 的转变温度，δ 与 α 都是体心立方晶格（BCC），γ-Fe 则是面心立方晶格。α、δ、γ 和 Fe_3C 是基本相。碳当量 4.3% 时，由 γ 与 Fe_3C 发生共晶反应，由液体析出，实为 γ 与 Fe_3C 的共晶，随温度下降至 A_{r_1} 以下时，

此 γ 又转变成珠光体，而成为珠光体与 Fe_3C 的机械混合物，故性质硬而脆。碳在 δ-Fe 中的溶解度≤0.18%（H 点），碳在 γ-Fe 的溶解度≤2.11%（2.06%），对应图 1-4 中 E 点。碳在 α-Fe 中的溶解度≤0.02%（P 点）至 0.006%（Q 点）。铁碳合金含碳小于 2.11%（2.06%）视为钢，超过 2.11%（2.06%）视为铸铁。

铁碳合金中不同含碳量的液态合金，在连续缓慢地降温条件下，从熔融状态到完全凝固，一直冷却到室温时其相变过程如下所述。

（1）W_c 为 0.45% 的液态合金 $l \rightarrow l+\delta \rightarrow \delta+\gamma \rightarrow \gamma$（进入完全 γ 区之后）$\xrightarrow{A_{r3}}$ $\gamma+\alpha \xrightarrow{A_{r1}} \alpha+P$（珠光体）

作为碳素钢，由于冶炼工艺的需要，总含有硅和铬，以及无法清除矿石中带入的硫和磷，因而所谓的碳素钢实为五大元素，以常用的 45 号钢为例，其常温下显微组织约为 50% 的铁素体和 50% 的层状珠光体，冷却快则珠光体量增多，而且呈细层状。合金中含碳量增多，则室温下珠光体所占比例增大。

（2）W_c 为 0.77% 的液态合金，当冷却到 A_{r1} 温度时（标准温度时 723℃，降温快时会下降到 700℃），$\gamma \rightarrow P$（100%）；当合金中含有形成碳化物的元素时，碳量<0.78% 也可形成珠光体（即合金元素使 Fe-C 平衡图上的 S 点向左移，左移程度大小与合金元素的数量成正比）。全部珠光体组织的钢叫珠光体钢。

（3）0.77%<W_c<2.06% 的钢，连续冷却进入 γ 区之后，随温度继续下降，γ 中固溶的碳（假定 1.2%）则沿 A_{cm} 线以 Fe_3C 形式在 γ 固溶体（奥氏体）晶界上析出，γ 固溶体中的含碳量不断降低，一直降到 0.77%，而且温度到 A_{r1} 时，$\gamma \rightarrow P$，室温时显微组织就成为网状 Fe_3C 包围着层状珠光体。

（4）2.11%<W_c<4.3% 时（例如 3.3%），当温度降到 BC 线的某点时，$L \rightarrow L+\gamma$。开始有 γ 结晶出来，剩余液态合金中的含碳量逐渐增多，后析出的 γ 中含碳量也逐渐增多。当温度降到 1030℃ 时，液态合金中含碳增到 4.3%，数量为 E，γ 中含碳为 2.11%，数量为 C，此时二者成平衡状态，当温度低于 1030℃ 时，液态合金→莱氏体（新生 γ 与 Fe_3C 的共晶），温度继续下降时，前期析出的 γ 和莱氏体的 γ，沿 A_{cm} 线不断析出 Fe_3C，温度低于 A_{r1} 时，这些 γ 都转变成珠光体，最终室温时显微组织是网状（断续网状）Fe_3C+珠光体+莱氏体。如果液态合金中除碳外，还有较大数量的硅（2.8%~3.5%），则所有 Fe_3C 都被石墨所取代。前种情况称之为亚共晶白口铸铁，后种情况称之为亚共晶灰铸铁（例如 HT20-40，HT32-52）。合金中硅的含量促使共晶成分（4.3%C）向左移，即当液态合金中的碳%+$\frac{1}{3}$硅%≥4.3% 时，也发生共晶反应，碳%+$\frac{1}{3}$

硅％称为碳的量。

(5) $4.3\% < W_c < 6.6\%$（例如 5.2%）时，由液态合金中首先析出的 Fe_3C 叫做初晶 Fe_3C，呈长条或块状，液态合金的含碳量沿 C 线下降，当温度低于 $1030℃$ 时，液态合金发生共晶转变（莱氏体）。莱氏体的 γ 沿 A_{cm} 线析出 Fe_3C（叫做二次 Fe_3C），在低于 A_{r_1} 时共晶中 γ 转变成 P。碳当量大于 4.3% 的合金称之为过共晶白口铸铁或过共晶灰口铸铁。

以上所说的连续冷却降温属于从液态到固态，从固态到室温都在空气中或炉中自然降温的条件下，所得到的显微组织。如把上述（1）、（2）、（3）成分的铁碳合金的针状结构，互成 $30°$ 或 $60°$ 的角，成为淬火马氏体，取代了珠光体。通常把钢（或 Fe-C 合金，或其他元素的合金钢材）从室温加热到 A_{c_3} 以上 $50℃$（或铸钢件加热到 A_{c_3} 以上 $100℃$）保持一段时间，然后在炉中缓慢冷却至 $600℃$ 以下，甚至到室温而后出炉，称为退火处理。从 A_{c_3} 以上就在空气中或吹风冷却到室温称为正火处理（原意是正常化）；从 A_{c_3} 以上进行水中或油中激冷到室温称为淬火处理。如从 A_{c_3} 以上淬入恒温的熔盐中（如 $300\sim400℃$ 的硝酸盐）保持 $2\sim4h$，而后空气中冷却，称为等温淬火，得到的组织是上贝氏体（呈羽毛状）和下贝氏体（针状，外形如同马氏体，但光泽较暗）。这些利用铁碳平衡状态图，以不同的冷却方式得到不同程度的非平衡状态的相或组织就形成热处理的工艺方法。

奥氏体→珠光体的转变机制：属于形核和长大的机制，当钢从高温冷却到略低于 $723℃$ 时，通过碳原子的扩散，在奥氏体的晶界上生成 Fe_3C 的晶核，相邻部位因贫碳而转变成 α 铁，为此反复进行而成为条形 Fe_3C 与 α 铁组成的层状混合物即珠光体。如果这种转化在较低的温度（低于 $650\sim700℃$）时，则生成物为细珠光体或索氏体。将珠光体加热超过 $723℃$ 时，Fe_3C 中的 C 向 α-Fe 中扩散使 α 变成 γ，最终珠光体消失，转变成奥氏体。

奥氏体→马氏体的转变：当钢从高温（A_{c_3} 以上）急冷下来（如淬入水中），则奥氏体转变成马氏体，这种转变不同于共析转变，是无扩散的转变，转变速度很大。转变成马氏体的数量，基本上是温度的函数，与时间的关系很小。开始转变的温度以 M_s 表示，最终停止转变的温度以 M_f 表示。M_s 与 M_f 可因碳增多而明显下降，其他各元素（除去钴和铝之外）也使此二点（M_f、M_s）下降。关于奥氏体向马氏体的转变机制，有人认为是由于内应力而引起生核长大，而不是热振动的影响。也有认为是由于原子面的搓动，由奥氏体的面心立方晶格搓动成马氏体的长方柱状晶体，碳原子即溶在纵轴方向的晶格之中。

奥氏体→贝氏体的机制：贝氏体既不同于珠光体的生成机制，也不同于马氏体的原子面搓动机制，是介于二者之间的机制；也就是说在 M_s 点以上，共析转变以下（通常是 $400\sim300℃$）发生贝氏体的转变，在此温度阶段，碳原子浓度发生变化，某些晶面上原子缺位，滑移面不平行，而导致 α-Fe 优先转变，但 α-Fe 的比容大于 γ-Fe，γ 转变成一部分 α 之后造成相邻区受到压应力，而使该区发生弹性形变，弹性形变到一定程度时，应力促使 Fe_3C 以粒子形态沿 α-Fe 边界析出，此乃上贝氏体形成过程，在显微镜下其形貌呈现出成排的羽毛状（白色铁素体四周围粒状 Fe_3C）。上述这种反应如果发生在较低的温度区间（接近马氏体转变点 M_s 之上），由 γ 转变的 α 铁晶体各向相同，不呈现羽毛状，而且微粒子 Fe_3C 不沉积于 α-Fe 的晶界上，而沉积在 α-Fe 的晶面上，在显微镜呈现出互为 $30°$ 或 $60°$ 的针状结构，十分像回火马氏体的形貌，此为下贝氏体。贝氏体显微形貌见图 1-5。

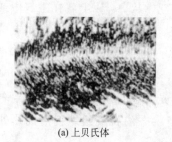

(a) 上贝氏体　　　　　　　　　(b) 下贝氏体

图 1-5　贝氏体显微形貌

第三节　合金钢的相变动力学

　　工业的发展特别是国防、交通运输、动力、石油、化工领域的发展，对材料提出了更高的要求，材料的使用条件也越来越苛刻，高强度、耐高温、高压、低温、腐蚀、磨损等，普通的碳钢已无法满足环境的要求，因此人们在碳钢中加入一种或多种合金元素，形成了所谓的合金钢。

　　合金钢的产生是根据产品的工作条件对材料性能的要求所决定的。最典型的性质如材料的强度与延伸率这两个参数，通常材料的强度较小则延伸率较大，材料的强度较大延伸率较小，如何将强度和延伸率统一起来，对于同一种材料，使其强度在最大的条件下，延伸率尽可能达到最大，这就是合金元素与热处理的任务。在某种情况下，需要某一性能为主如强度，对含碳 0.5% 的钢，只需加速从 γ 相 A_{r_1} 转变则可得到 100% 的珠光体（伪珠光体）从而提高强度（至少可增多珠光体的比例）。又如为增加高碳钢的延伸率，可以在 A_{r_1} 附近保持较长时间，使共析碳化物变成球粒状分布于 α 铁的基体上，而使钢的韧性得到提高。这些可以不依赖合金元素，单靠热处理就可以满足；但为得到强度和韧性都高的性能，就需用淬火得到马氏体然后经较高温度回火，得到回火索氏体组织才能满足要求，对于小薄部件容易达到上述条件，厚大部件很难使芯部淬火成马氏体，这就需要求助于合金元素了。

合金元素的作用不仅是对力学性能，对于材料的物理化学性能也可提供必要的保证。因此从合金元素的质量分数上又可分为低合金钢（合金元素的总质量分数<5%）；中合金钢（合金元素的总质量分数为 5%～10%）；高合金钢（某种元素>10%）。也可按照材料性能或用途分别命名，例如软磁钢希望具有大的透磁力，较小的顽磁力，则需在钢中含有硅 4.5%～5%。又如不锈钢需要含有铬 12% 以上，保证钢的表面形成连续性的、致密的氧化铬薄膜（Cr_2O_3），其比容与奥氏体相近，产生此膜时无显著地膨胀，因而不易脱落，阻碍了氧原子继续深入氧化，而达到耐蚀。又如当钢中含碳较高（1%～1.3%）同时含有锰 13%，当受到外力摩擦或冲击时，钢的表层由原来的奥氏体转变为马氏体，从而显示出极高的抗磨损能力。其他如软磁钢、硬磁钢、工具模具钢均需多量合金元素，且需热处理。

一、 合金元素的分类

钢中的合金元素有着不同的分类方法，一般按照合金元素对 Fe-C 平衡图的影响，可大致分为两类：缩小 γ 区的元素，如硅、铬、钛、铝、钴等；扩大 γ 区的元素：如锰、镍、钼、钨等。也可按退火后元素存在的状态进行分类，可分成碳化物形成元素和非碳化物形成元素（溶于铁素体或奥氏体的元素），前者包括 Mn、Cr、W、Mo、V、Ti 等，它们皆形成碳化物，且碳化物倾向依次增大。而非碳化物形成元素如 Ni、Al、Si 等，皆溶入铁素体或奥氏体。

当钢中碳含量不够充分时，碳化物形成元素倾向高的可能与下一个元素化合溶入 α 铁中。在碳化铁中可溶入铬而成（$FeCr)_3C$，当铬增多时可形成（$FeCr)_7C_3$。有充分铬时形成 $Cr_{23}C_6$。而 TiC 则是一种间隙式化合物，所谓间隙式化合物是碳原子以一定比例溶入面心立方晶格的钛原子点阵中，其条件是 C 的原子半径/合金元素的原子半径≤0.59。

X 射线衍射结果表明高铬钢中的铬在高温时生成（$FeCr)_7C_3$，在常温时由于其表面能大而不稳定变成（$FeCr)_3C$，其晶格同 Fe_3C。合金元素溶入 α-Fe 晶格时，使 α-Fe 晶格发生畸变，扭曲而增加强度，但这种强化比热处理小得多。

二、合金钢相变动力学

碳素钢 TTT 曲线（图 1-6）等温转变、连续冷却转变和马氏体回火转变是研究合金钢相变动力学的基础。TTT 曲线是指过冷奥氏体等温转变曲线，其中 TTT 分别指 time，temperature，transformation，也有专家称之为 C 曲线或 S 曲线，其中 M_s 为起始转变温度，M_f 为停止转变温度。

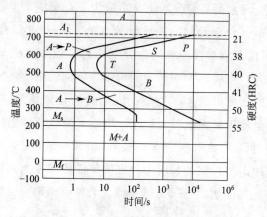

图 1-6　碳素钢的 TTT 曲线

在实际中，钢的碳含量和合金元素会使 TTT 曲线的形状发生变化，由 S 形转变曲线改变成为 C 形或双 C 形，位置也可能发生变化，M_s 和 M_f 点也可能降低。下列三个因素使碳素钢的 TTT 曲线发生变化：其一是奥氏体转变是经过形核和长大的过程，当已有的晶核在长大过程需要碳原子扩散，而合金元素中有的要与碳化合，有的要溶于 α-Fe 的点阵中，合金元素的这两种动态必然影响碳原子的扩散过程；其二合金元素本身的体积（原子半径）比碳原子大，扩散较慢，合金元素扩散未完时新相也无法长大；其三是晶核只有达到临界尺寸才能成长起来，碳素钢的晶核长大单纯靠碳原子扩散，加入合金元素时，由于前述的两种动态造成难于达到稳定晶核所需的成分，因而减少了生成临界晶核的机会，所以合金钢中奥氏体的转变慢、时间推迟、温度也变化了。奥氏体之所以会向珠光体发生转变，是因为在较高温度下，奥氏体的自由能较低，但温度低于 T_0 温度（723℃）时，奥氏体的自由能则高于珠光体，而二者自由能的差则成为奥氏体向珠光体发生转变的驱动力。

三、马氏体的性质

马氏体晶型属于 C 轴延长了的长方柱（即体心四方），其硬度与碳含量成正比，常见马氏体组织有两种类型。中低碳钢淬火获得板条状马氏体，板条状马氏体是由许多束尺寸大致相同，近似平行排列的细板条组成的组织，各束板条之间角度比较大；高碳钢淬火获得针状马氏体，针状马氏体呈竹叶或凸透镜状，针叶一般限制在原奥氏体晶粒之内，针叶之间互成60°或120°角。观察针状马氏体时可以发现，其内部是呈一定方向的白色小针，或小柱形。开始形成的马氏体为大针，后来形成的为小针。但无论针大小，都是一个晶粒，因为彼此位向不同，不可能互相合并长大。但高合金钢中的马氏体则呈隐针状结构看不见针状了。

奥氏体转变成马氏体的机制主要特点是：其转变时无原子扩散发生，而且转变速度很快，冷到某温度即完成该温度时的转变量，不需经一段时间，转变量只是温度的函数，与时间关系极小。M_s 和 M_f 受碳的影响最大，除 Al 和 Co 使 M 点上升外，其他元素都使 M_s、M_f 下降。除个别钢种之外，马氏体一般不转变成奥氏体，而是当升高温度时，马氏体分解成 α-Fe 与 Fe_3C（或其他复碳化物），如回火索氏体等，不直接转变为奥氏体。但有色金属中的马氏体当升高温度时，可直接复原为原先的组成体。所谓个别钢种如 0Cr12Ni4Mo，0Cr12Ni6Mo，0Cr17Ni4Mo，这些在空气中冷却即可得到板条状马氏体，在625℃左右回火时，可由20%以下的马氏体转变为奥氏体，称之为逆变奥氏体。

碳素钢和合金钢自 A_{c_3} 以上温度以不同冷却速率（或者说在不同温度停留），即得到不同的组织，奥氏体转变产物与钢的化学成分和冷却速率有直接关系。奥氏体转变为马氏体与钢中的元素如 Ni、Mn、C 等的含量有正比例的关系，因为 M_s 和 M_f 的温度点可以有不同程度的下降，或降到0℃以下，仍保持部分或全部奥氏体。除成分影响之外，相变应力，即当奥氏体转变成一部分马氏体之后，由于比容增大约1%，使尚未转变成马氏体的奥氏体受到四周的压力，阻碍了该处奥氏体的转变，而保留下来，这种被禁锢下来的奥氏体称为残留奥氏体。

为提高钢的硬度，消除残留奥氏体可采用如下的方法：多次回火来松弛应力，给转变创造条件，如高速工具钢可进行四次620℃回火来增加硬度值；也可对钢进行冷处理：淬火的钢件立即（1h之内）放入−20℃以下的冷处理设备中，经过1min（以冷透为准），即可促使残留奥氏体转变。冷处理前不可对淬火钢件做回火处理，即不可消除应力，否则反而造成更稳定化的结果。适合冷处理而不适合多次回火的钢种：滚珠轴承钢，高碳钢，表面渗碳后淬火的钢，铬、镍、锰、钼等模具钢，硬磁钢。

马氏体的回火处理：含碳≥0.4%的钢，当从 A_{c_3} 温度以上（一般是在 A_{c_3} 线以上50℃）激冷（淬水或油），使奥氏体向马氏体转变，形成淬火马氏体（也有人称之为 α 马氏体），该淬火钢硬而脆，具有很大的内应力（一是激冷造成的热应力；二是由奥氏体转变成马氏体，体积增长生成的相变应力），为消除应力，将此淬火钢件加热到一定温度（一般是 300℃ 以下），称为回火处理，在回火过程中，淬火马氏体发生变化，钢件的脆性减少，硬度略有下降。在回火过程中，处于过饱和状态下的马氏体发生碳-铁合金元素以微粒子化合物形态从马氏体晶体中析出。按不同的温度阶段，马氏体转变如下：200℃ 以下，α 马氏体析出 Fe_xC；200～300℃ 阶段，Fe_xC 继续从 α 马氏体中析出，同时残留奥氏体转变为马氏体，体积增加；析出的碳化物粒子集聚长大。

合金元素推迟了 α 马氏体分解和残留马氏体的转变，以及碳化物粒子集聚粗化过程。400℃ 以上回火，α 马氏体变成粒状索氏体（回火索氏体）。若回火温度低于 200℃，可能仍保留针状马氏体形貌，硬度较高，称为 β 马氏体（或回火马氏体）。钢件加热到 A_{c_3} 以上体积会发生变化，在 A_{c_1} 附近出现奥氏体体积下降，以后随温度升高而膨胀。钢件自 A_{c_3} 以上激冷淬火到 M_s 后转变出马氏体，在 M_f 之前连续随温度的下降析出马氏体。钢件体积连续增大，以后随温度下降而冷缩，但最终比淬火前的体积略大。一般来讲马氏体回火时温度的作用要大于时间的作用。高于 400℃ 回火只需 1h，即可完成 Fe_xC 粒子的沉积，若回火温度低于 200℃，则需延长到数小时。合金钢淬火后，回火的温度高于 450～650℃，而且回火保温时间一般需大于 2～6h，视性能要求而定。

马氏体回火时会出现回火脆性的问题，碳素钢和低合金钢淬火后回火的过程是强度、硬度下降，延塑性增加的过程，目的是为得到强度与延塑性相对统一的高综合性能（δ_b、δ_s、δ、ψ、K 值均较高）。生产厂把这种淬火＋较高温度的回火称作变质处理（通常是在 550～650℃ 回火，然后空气中冷却）。如含有 Ni、Cr、Mn 等元素，则延性（$\delta\%$、$\psi\%$）都很好，唯独冲击韧性值很低，称为回火脆性。若自 600℃ 左右快冷（空冷或油冷），则冲击韧性很好。因此回火温度常避开 250～450℃。550℃ 以上回火时，采用油冷或空冷。当 Ni-Cr 钢或含锰 1% 以上的钢中含有钼 0.5%，则不发生回火脆化现象。对于回火脆性的原因，有人认为是由于钢中的磷在缓冷过程中以片状小粒子在晶界上沉积造成的，但对此见解并不统一。经机加工的钢件在 250℃ 以下回火后，表面呈灰蓝色，有时表现出脆性，称为蓝脆。有人认为是过饱和的 C、N、O 等元素沿晶界析积引起脆化；实际上蓝脆与回火脆性不一样。虽然机理尚不太清楚，但回火后快冷是有益的。

含碳 0.5% 以上的碳素钢和低合金钢，从 A_{r_3} 以上温度在空气中冷却（正火）所得到的层状珠光体组织在性能上与淬火＋较高温度回火（即调质处理）得到的回火索氏体或粒状珠光体有很大差异，后者 Fe_xC 小粒子均匀分布在铁素体的基体上，有较好的强度与延塑性的结合。

四、 合金元素对 Fe-C 平衡图的影响

合金元素对 Fe-C 相图的影响一般可分为扩大 γ 区和缩小 γ 区的元素，其中扩大 γ 是指使 A_3 下降，使 A_4 上升的元素，一般包括 Mn、Ni、Co、C、N、Cu 等，作用递减；而缩小 γ 区的元素（即使 A_3 上升，A_4 下降）包括 Cr、Si、W、Mo、Ti、V、Al、P、No、B、Ta 等，作用递减。

此外碳原子与过渡元素的亲和力（即形成碳化物的倾向）也有不同：一般 Fe、Mn、Cr、Mo、W、V、Nb、Zr、Ti 由左向右亲和力逐渐加大。在一定的含碳量时，首先与右侧的元素化合，剩余碳才与左侧元素化合。以铁元素的亲和力最小，因为过渡族元素的电子层未填满程度都比铁原子层未填满的程度大，所以碳原子的价电子填入过渡族元素未填满的 d 电子层，合金元素的 d 电子层未填满的程度越大，则该元素与碳原子的亲和力越强，这就是钛与铁亲和力最强的原因。

合金元素在 α-Fe 和 γ-Fe 中的溶解有较大的差异，具体见表 1-4，在铁碳合金中 Fe_3C 的硬度可达 820（HB），延伸率、截面收缩率和冲击韧性相当低，因此渗碳体十分硬而脆。而珠光体则因形貌不同，力学性能有较大的差异，如层状珠光体的性能：HB190～240，$\delta_b \approx 980MPa$，$\delta_{0.2} \approx 588MPa$，而粒状珠光体（即在 A_{r_1} 下 20℃停留一段时间的组织）HB160～190，断裂强度和屈服强度下降，延性增大。

表 1-4　各种合金元素在 α-Fe 和 γ-Fe 中的溶解度最大值　　　单位：%

元素	α-Fe	γ-Fe	元素	α-Fe	γ-Fe
Se	18.5	9(γ 中含 C 0.35%)	B	0.008	0.02
Mn	3.0	无限	N	0.1	2.8
Cr	无限	12.8～20(γ 中含 C 0.5%)	Cu	0.2(20℃)	8.5
Mo	37.5	8(γ 中含 C 0.3%)	Ni	10(与 C 无关)	无限
W	33	11(γ 中含 C 0.25%)	Co	76	无限
V	无限	1(γ 中含 C 0.25%)	Al	36	1.1
Ti	7.0	1(γ 中含 C 0.18%)	P	2.8(与 C 无关)	0.2

由于金属材料的使用条件不同，要求金属材料的性能各异，如要求耐磨性好，或耐高温，或耐腐蚀，或高强度，或高韧性等，金属材料专家根据各种合金元素的特性对铁碳合金和有色金属的凝固、结晶、相变和性能的影响，创造出各种具有不同性能的合金钢、合金铸铁、有色合金材料。

第二章

 特殊性能的合金钢

所谓特殊性能是针对普通碳素钢而言的，是指具有特殊物理化学性能而不是用其常温下的机械能如耐磨、耐蚀、耐热、磁性等的材料，这些特殊性能主要是通过向碳素钢中加入一种或多种合金元素来实现的。本章选取部分典型的特殊性能合金钢的制备工艺及性能进行介绍，主要包括耐热钢、不锈钢、耐磨钢、高强度高塑性低磁性铸钢、低合金高强度结构钢、工具钢与模具钢。

第一节　耐热钢

除了一些极特殊材料之外，一般材料所具有的通性就是在高温下变软，在低温下变硬变脆，钢材也不例外，而且在高温下铁碳合金还面临着被氧化的问题，因此需要对在高温下使用的钢材进行特殊的处理，包括加入合金元素，以使其相应组织能够在高温下保持抗氧化及高强度的特点。针对不同的使用温度，耐热钢的相与组织也不同，包括珠光体、铁素体和奥氏体耐热钢等。

一、常用耐热钢

在工业上最常用的耐热钢包括珠光体耐热钢、高铬铁素体耐热钢、铬镍奥氏体耐热钢以及高铬中硅低铝稀土耐热铸钢等。

珠光体耐热钢在700℃以下具有稳定的珠光体组织，依靠稳定的珠光体而防止氧化和尺寸变形，其化学成分含碳≥0.6%～0.8%，含铬＞1%～2%，含锰1%～1.5%，含硅0.4%～0.6%，含硫磷均≤0.04%，这种成分的铸钢可以铸态应用，或者正火处理后应用。当使用温度达到1000℃时，则需采用铁素体耐热钢和奥氏体耐热钢。

高铬铁素体耐热钢不仅具有耐高温的特点，还兼有耐蚀性质，它的发展演变过程是由 1Cr13 和 0Cr13 开始，逐渐开发出 Cr13S13、Cr13SiAl（用于抗氧化）、Cr17、Cr17Ti（抗晶间腐蚀）、Cr17Mo2Ti（抗还原酸），Cr25、Cr25Ti、Cr28（抗晶间腐蚀）等铬系耐热钢。

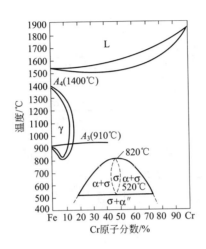

图 2-1　Fe-Cr 合金相图

由铁铬相图（图 2-1）可知，当 C≤0.08％，Cr≥1.5％时，钢水凝固后，在850℃以上为单一的 α 固溶体（即 100％铁素体）。温度在 850℃时由于 Cr 偏聚之处达到 35％～45％，则出现 σ 相，且随温度下降而增多，已知 Cr≥10％～90％的铁铬合金在 400℃以下均有 σ 相出现。σ 相是过渡族元素的金属间化合物，硬脆、无磁性，四方晶系（$c/a = 5.2$），每个晶胞含 30 个原子，呈金刚石结构，高硬度（HRC≥68），从晶界上析出，因而增加了晶间腐蚀。Mn、Si、Nb、Ti、Mo 均促使 σ 相析出；Ni、C、N 有阻止 δ 析出的作用。当 Cr 的质量分数达27％，在 550℃保持数千小时可生成 σ 相，加热到 850℃、0.5h 可使 σ 相溶入 α中，可恢复钢的韧性。

高铬铁素体有一个 475 脆化问题，当 Cr≥15％在 400～525℃长时间保温或缓冷经此温度区间，Cr 原子有序化，形成富铬的（含 Cr 80％）α 相，体心立方晶格，集聚在（111）面上或位错之处，此 α 相与母相 α 共格而引起较大的点阵畸变和内应力，使钢的强度增高，韧性下降，但可以经过热处理（700～800℃保温 1h），而后快速冷却消除此 475℃造成的脆性。铁素体耐热钢的牌号、成分、热处理和性能如表 2-1 所示。

表 2-1 铁素体耐热钢的牌号、成分、热处理和性能

牌号	C/%	Si/%	Mn/%	Cr/%	热处理	δ_b	δ_s	δ%	4%
0Cr13	≤0.08	≤0.5	≤0.8	12~14	1000℃水油空冷，700~790℃回火	500	350	24	60
1Cr17	<0.15~0.12	≤0.8	≤0.8	16~18	700~800℃空冷	450	300	20	
1Cr28	<0.15~0.12	≤1.0	≤0.8	27~30					
0Cr17Ti	≤0.08	≤0.8	≤0.8	16~18					
1Cr17Ti	0.1	≤1.0	≤0.8	16~18					
1Cr25Ti	≤0.8	≤0.8	≤0.8	24~27	700~800℃空冷			0%	45
1Cr17Mo2Ti	0.12	≤0.8	≤0.8	16~18	700~800℃炉冷＋空冷			0%	45

注：0Cr13 可从 920℃淬火，其他从 800℃炉冷至 600℃，空冷以防脆化。

　　铬镍奥氏体耐热钢可在 1000℃的温度下使用，这种钢中大量的合金元素是铬和镍。使用铬的原因是铬在 γ-Fe 中的溶解度可达到 13％，而在 α-Fe 中无限固溶，借助铬在钢的表面形成的致密而又连续的氧化膜，使钢的内部不继续受氧化。为达到此目的就不希望铬合成含铬的碳化物，对于过渡族元素，由于高温时晶型一致，镍和铬可以 100％地无限固溶于 γ-Fe 中。镍在室温时，平衡状态下于 α-Fe 中溶解 10％（非平衡状态大于 10％），而在 γ-Fe 中可溶 76％。由于 Mn、Ni 和 Co 在高温时使 A_3 下降、A_4 上升，当钢中这类元素的含量达到一定数值时，钢中的 γ 区可被扩大到室温或室温以下，因而人们能获得奥氏体组织的钢。镍的第二个作用是钢表层中固溶的镍在高温时也可形成氧化镍薄膜，这种氧化镍和前述氧化铬都具有致密、连续、不易脱落的性质，使钢具有良好的常温力学性能，良好的焊接性能，良好的冷热加工性能，以及较高的抗高温蠕变强度，这些性能是优越于高铬无镍耐热钢。

　　锰虽然也有稳定奥氏体的作用，但锰的氧化物疏松且易剥落，无益于钢的抗氧化，而且锰易生成碳化物而有损于钢的常温性能，故耐热钢忌用较高的锰含量；最基本的元素是铬和镍，与其他元素适当地组合应用。

　　高铬中硅低铝稀土耐热铸钢在 1000℃抗氧化、不起皮，并有一定的耐蚀性。铸件可用于高温炉支架，其使用寿命两年以上。铸件成本低廉，砂型铸造，铸件不需热处理，适用于静态高中温（可含有腐蚀气）条件下的构件。此钢材是作者所带领的科研小组所研发的钢种，在实际中也获得了较好的效果。其化学成分为碳＜0.2％，铬为 12％~15％，硅 2.8％~3.3％，锰 0.4％~0.5％，铝 0.5％~1.0％，硫、磷均≤0.04％。铸件的显微组织为铁素体 98％，若碳含量超过 0.2％，则有少许 $(FeCr)_3C$ 析出，对铸件的抗冲击和抗氧化都不利。材料的设计原理很简单，即

使碳、铬、硅、铝等元素都溶于常温和高温环境的铁素体晶体中。通过计算工作荷重的安全性，按炉体支架的最小截面积 $627mm^2$ 计算，该材料的支架在 800℃时可承受 51MPa、900℃时可承受 30MPa 的载荷。其力学性能如表 2-2 所示。

表 2-2　高铬中硅低铝稀土耐热铸钢力学性能（铸态）

项目	拉伸强度/MPa	屈服强度/MPa	延伸率/%	断面缩小率/%
室温	568	42	19	29.3
高温（800℃）	51	44	72	82.7
高温（900℃）	30	22	70	85.7

为了测定 R-1231 钢材的高温抗氧化性能，将其制备成尺寸为 $\phi 10mm \times 20mm$ 的试样，在 900℃热空气炉中，每 50h 取样测氧化增重，经 10000h 后，其表面呈灰亮色光泽，平均氧化速度为 $0.0163g/(m^2 \cdot h)$，小于 Cr-Mn-N 钢 $[0.326g/(m^2 \cdot h)]$ 和 Cr25Ni20 钢 $[0.081g/(m^2 \cdot h)]$，结果表明该材质具有良好的抗高温氧化性能。

二、影响耐热钢高温强度的因素和机理

耐热钢或者说任何金属或合金，在高温条件下强度会极大地降低，而且随着时间的延长，连续降低，温度越高，降低越多。因而对于用于一定温度条件下的合金有一定强度蠕变率和持久强度值的问题。钢在一定温度下强度降低的根本原因是金属（或合金）的晶体点阵滑移，晶粒吞并长大，现行的条件是晶界滑移。晶界的滑移又是从最小晶粒的消失而开始的，为了提高金属或合金的高温蠕变强度和高温持久强度，晶界滑移成为了人们研究的核心问题。

金属和合金的晶粒间界上原子的排列混乱且具有黏滞性质，而且这种黏滞性的数值是与温度呈指数函数关系。以纯铝为例（见表 2-3），可见金属的晶界有类似非晶质的性质，受温度的影响极大。所以金属的晶界少，即粗晶粒钢具有较高的抗蠕变性能，有较高的持久强度。

表 2-3　纯铝不同温度下的黏滞系数

温度/℃	$G_v/(dyn/cm)$	黏滞系数/0.1Pa·s
29	2.4×10^{11}	2.2×10^{16}
200	2.1×10^{11}	1.3×10^7
450	1.8×10^{11}	4.3
660	1.5×10^{11}	0.18

晶粒本身的硬度和强度高,则高温时蠕变率低,持久强度高。硬度的定义可以说成是抵抗变形的阻力。熔点高的金属高温蠕变率小,持久强度大,因而高熔点、大原子量的元素(如钨)作为溶质元素使之固溶于钢中有利于钢的高温强度,故 Cr、Ni、Co、W、Mo、Nb、Ta 等元素常用于耐热钢。

晶界上有块状碳化物存在,防止和阻碍晶界移动和晶粒吞并,有利于钢的高温持久强度。尤其是当块状化合物和曲折的晶界并存时,可防止晶界上空位连接,阻止楔形缝隙的形成而使晶界强化。弥散的第二相粒子(如碳化物、氮化物、金属间化合物、氧化物)在晶界上有利于阻止高温时晶粒的吞并,即抑制晶界滑移,而保持高温强度的持久。

合金元素的自扩散系数(D),对金属(钢或合金)的高温蠕变率和持久强度有明显的影响,通常元素的自扩散系数与其自身的熔点呈正比例关系,但碳元素例外,碳原子在钢的晶体中具有最大的自扩散系数,因而耐热钢中要求含碳量尽可能的低,最好小于 0.1%。固溶元素影响蠕变强度的机理可概括如下:自扩散系数大的元素使 γ-Fe 的自扩散系数增大,如同碳元素与 γ-Fe 的关系。间隙型的溶质原子使溶剂点阵变形,并在溶质原子周围产生压应力。在置换型溶质原子固溶的情况下则按溶剂原子和溶质原子的大小,而在溶质原子周围产生压应力或拉应力,但在高温热扰动影响下,这种应力场不重要。当溶质原子集聚在刃型位错和螺型位错之中,并析出金属间化合物,则阻碍位错移动,而增加蠕变强度。固溶元素影响溶剂点阵的堆垛层错,堆垛层错能被降低则难产生交叉滑移而增大蠕变强度,如镍基合金中加入钴即起到这种强化作用,当部分溶质元素的浓度产生偏析时,与周围的 γ 面心立方结构不同,使堆垛层错加宽而增大蠕变强度。

此外材料的晶体结构不同,其蠕变强度各异。金刚石结构具有最好的高温强度,其次是面心立方结构(FCC),再次是六方密堆结构(HCP),然后是体心立方结构(BCC)。在 700℃ 以上时奥氏体钢比铁素体钢具有较高的抗蠕变强度或持久强度,即基体 γ-Fe 的自扩散系数(D)小于 α-Fe 的缘故,这仅是从晶体结构上说,以上各种因素不无影响。

第二节　耐蚀不锈钢

所谓耐蚀钢是指在酸性、碱性、海水或潮湿大气中不与酸、碱和氯离子等发生化学反应的钢,此类钢必须有稳定的、纯净的单一相组织,尤其是晶粒间界必须纯净,不可有其他元素的化合物,以免增大晶界的表面能而导致腐蚀,故通常要求耐蚀钢含碳小于 0.1％，一般的技术标准限定在 0.08％以下，严格的技术标准限定在 0.03％以下，视为超低碳。为了获得稳定的单一相组织，借助扩大和稳定 γ 区的元素，Ni、Mo、Cu、N 等与 Cr、Si 等元素的适当组合，而得到单一的奥氏体相，以形成一系列奥氏体型耐蚀不锈钢；或借助缩小 γ 区元素的作用，如 Cr、Si、Al 等，形成铁素体型耐蚀不锈钢。一些特殊的合金元素有利于提高钢材对于某些特定环境的抗腐蚀性，如 Mo 元素对于耐海水氯离子穿孔腐蚀的不锈钢是不可缺少的。

一、 奥氏体型和铁素体型耐蚀不锈钢

奥氏体型和铁素体型耐蚀不锈钢都可用于轧材或铸件。当代各国除去本国的耐蚀钢牌号标准外，国际通用的主要是美国钢铁协会（AISI）制定的标准牌号，公认为各国生产和国际贸易中的技术标准。AISI 规定的不锈钢牌号为 200 系列、300 系列和 400 系列。表 2-4 列出了几种典型的不锈钢的合金元素百分含量。

表 2-4　典型的不锈钢的合金元素百分含量　　　　　　单位：％

牌号	C	Mn	Si	Cr	Ni	Mo	P	S
201	<0.15	5.5~7.5	<1/0	16~18	3.5~5.5		<0.06	<0.03
304	<0.08	<2.0	<1.0	18/20	8/12		<0.045	<0.03
316	<0.08	<2.0	<1.0	16/18	10/14	2.0/3.0	<0.045	<0.03
405	<0.08	<1.0	<1.0	11.5/13.5			<0.045	<0.03

AISI 200 系列中各牌号均含有 Cr，Mn，Ni，N 元素，以保证得到奥氏体组织，属于含镍的奥氏体不锈钢。300 系列中特殊元素只含有 Cr，Ni（其他元素含量一般），属于含镍高的奥氏体不锈钢，广泛用作板材和化工行业耐蚀件。400 系列各牌号属于高铬无 Ni 或很少 Ni 的不锈钢，具有铁素体的显微组织。分为可硬化（马氏体）和不可硬化（铁素体）两类。各系列不锈钢都有耐腐蚀和抗高温氧化及大气腐蚀的共性，故系统称为不锈钢，力学性能各有差异。

二、 高综合性能板条马氏体不锈钢

所谓高综合性能是指强度、延塑性、硬度、耐蚀性、耐泥沙磨损、水流冲刷、大气侵蚀等各种条件下构件用钢。板条马氏体不锈铸钢主要用于大、中型水力发电站水轮机组的过流构件，如叶片等。马氏体组织的不锈钢也需要 Ni、Cr、Mo 元素，唯独不需特意加入 Si、Mn、N 元素。这类不锈钢在正火热处理空气

冷却过程中，奥氏体转变成板条状马氏体组织，在回火过程中板条马氏体不是转变成回火索氏体，而是有少数板条马氏体反常地转变成奥氏体，金属学家把这种奥氏体称为逆变奥氏体。这种转变并未改变其天然的柔韧性，依然以其面心立方（FCC）晶系的特性而具有韧塑性。由于这种逆变奥氏体以点、块状分布在强度高、硬度高的板条马氏体的板条束之间，这种双相组合使材料具有良好的力学性能，同时在板条马氏体和逆变奥氏体的晶格内熔有 Cr、Ni、Mo 等元素，有利于提高钢的物理化学性能，所以此类铸钢的综合性能很优越，很适于水轮发电机过流构件的工作条件，表现出耐蒸汽腐蚀及使用寿命长等特点。

典型的马氏体不锈钢 0Cr13Ni4Mo（美国材料试验协会 ASIM 的牌号 CA6NM）的化学成分为：$C \leqslant 0.06\%$，$Mn \leqslant 1.0\%$，$Si \leqslant 1.0\%$，Cr 为 $11.5\% \sim 14\%$，Ni 为 $3.5\% \sim 4.5\%$，Mo 为 $0.4\% \sim 1.0\%$，拉伸强度 $\sigma_b \geqslant 754MPa$，屈服强度 $\sigma_{0.2} \geqslant 549MPa$，延伸率 $\geqslant 15\%$（标距 2 时 $\approx 50.8mm$），断面缩小率 $\geqslant 35\%$，冲击功 $\geqslant 27.12J$。

0Cr13Ni6Mo 最早发明的目的是水轮机叶片专用钢，我国包括葛洲坝水电站所用的叶片（单个毛重 29t 的叶片的珐琅根部壁厚 530mm 处，需具有 $\geqslant 550MPa$ 的拉伸强度）就是采用该钢材，作者对比了相关钢种（15MnMoVCu，0Cr13NiMo，0Cr13Ni4Mo，0Cr13Ni6Mo，0Cr17Ni4Mo3Cu2）进行探针试验，重点对 0Cr13Ni4MoRE 进行了系统的试验研究，对板条马氏体型不锈钢取得了较全面的数据：0Cr13Ni4Mo(Re) 和 0Cr13Ni6Mo 钢都有良好的性能，试棒的拉伸强度（σ_b）$\geqslant 750MPa$，屈服强度（$\sigma_{0.2}$）$\geqslant 560MPa$，延伸率 $\geqslant 15\%$，断面缩小率 $\geqslant 35\%$，冲击功 $\geqslant 50J$，布氏硬度（HB）为 $228 \sim 286$，0Cr13Ni6Mo 钢的强度、硬度、冲击韧性等同于 0Cr13Ni4Mo（RE），唯延伸率、断面收缩率略高于 0Cr13Ni4Mo 钢。此类钢的显微组织中含有不同数量的逆变奥氏体，使钢的力学性能略有差异，详见表 2-5。

表 2-5　不同逆变奥氏体含量钢材的力学性能

试样	逆变奥氏体含量/%	σ_b/MPa	$\sigma_{0.2}/MPa$	$\delta/\%$	$\psi/\%$	$\alpha_k/(J/cm^2)$	HRC
1	8.3	738	599	16.3	71.6	149	24
2	12.9	730	594	17.2	71.8	149	24
3	20	751	560	18.6	69.6	131	24.5

经测定 0Cr13Ni4Mo（RE）钢的断裂韧性优良。脆性转变温度（FATT）为 $-170 \sim -100℃$，焊接性能、抗氢脆和耐汽蚀性能亦很优越。用普通电弧炉熔炼 45t 超低碳 0Cr13Ni4Mo 钢水，采用铬矿砂铸造，正火处理后即可制备出满足水

电站要求的合格叶片。经正火叶片本体切取的试样进行检测，结果（见表2-6）表明均已达到标准要求。其后，云南、福建等省其他的中型水电站都采用了0Cr13Ni4Mo（RE）钢叶片以延长水轮机的运行周期。经过大量研究实践，对0Cr13Ni4Mo钢的Ni％取上限（4.5％），与0Cr13Ni5Mo（Ni0.45％～0.55％）成为最佳的成分组合。板条马氏体不锈钢代表性显微组织照片（取向叶片）见图2-2。

表 2-6　叶片试样不同部位的力学性能

部位	σ_b/MPa	$\sigma_{0.2}$/MPa	δ/％	ψ/％	α_k/(J/cm^2)	HB
1	784	666	22.0	61.0	149	240.5
2	774	647	22.0	59.5	152	241.0
3	769	647	22.5	60.0	141	236.9
总平均值	776	653	22.1	60.2	147	236.5

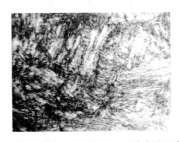

图 2-2　板条马氏体不锈钢显微组织（3％硝酸酒精浸蚀，×400）

第三节　耐磨钢

耐磨是一个笼统的形容词，工业上通常把耐磨区分为抗磨和减磨，所谓抗磨主要是指润滑介质条件下和有固态介质条件下使金属部件不受磨损，又称作干摩擦及磨料摩擦条件下的抗磨损能力。抗磨部件在冲击力作用下与介质接触而减缓发生部件的磨损（如破碎矿石）称为抗冲击磨料磨损。所谓减磨，工业上如机床导轨与柜架之间的摩擦磨损。不论哪一个摩擦条件，金属表层在外力作用下，不断脱落就构成了磨损，因而磨损的定义应该是外力超过了摩擦副表层分子间的内聚力造成表层分子脱落的结果。摩擦副之间的摩擦力等于摩擦副表层产生的机械咬合与摩擦副表面分子间的吸引力所形成的切向阻力的总合。干摩擦条件下的摩擦力有机械咬合、摩擦副表层分子间吸引力和表层凸峰之间的黏合。当外力超过了摩擦副之间的摩擦力时，摩擦副才能移动。有移动才能有磨损，这就是分子机械摩擦磨损理论。常用如下公式表示：

$$F = \alpha A_r + \beta N$$

$$\mu = \beta + \alpha A_r / N$$

式中，F 为摩擦力；A_r 为接触面积；N 为外加力；α 和 β 为由摩擦副材料表面的物理和机械能所决定的系数；μ 为摩擦系数，如以钢和铸铁作摩擦副，其常温 $\mu = 0.17 \sim 0.23$，当升高温度时 μ 增大，很高温度时材料软化，μ 值又降低。对高熔点化合物如 WC、MoC、TiC、SiC 而言，在 $600 \sim 700℃$ 以上时，μ 值反而增大。通常材料的硬度高则抗磨损能力强，高硬度化合物因其固定的价电子关系而表现出较高的抗磨损能力。

一、 抗冲击磨料磨损的铸钢材料和工艺

冲击磨料磨损是工程中的一种特殊磨损方式，其过程为：在冲击瞬间，两对磨面在摩擦界面间有硬质磨粒存在的情况下发生相互碰撞，接着两界面进入高应力磨粒磨损阶段；随后，两对磨面脱离接触，不发生磨损。这两个过程周而复始地交替进行。冲击磨料磨损是一种极恶劣的磨损工况，在该工况下工作的零件都表现出极短的寿命。国内冶金、建材、建筑、化工、煤炭和机械行业的机械设备因受强烈的磨料磨损而年耗钢铁易损件数量巨大。目前，常用的抗冲击磨料磨损的铸钢包括高锰抗磨铸钢和中锰低合金抗磨铸钢。

1. 高锰钢（Mn13％）

以往冶金学家认为锰加进钢中似乎使钢变脆，英国冶金学家 Hadfield 将其量超过以往冶金学家认为的合适范围，使钢的含锰量达 13％，结果发现此时钢不再显脆性。如果再把这种钢进行适当的淬火，则会变得具有超硬度，可以将它用来制造破碎岩石的机械和用来加工各种金属。普通钢用来制造铁轨，每几个月就要更换一次，但高锰钢铁轨可以连续使用几十年之久。因此迄今这种钢材在全世界仍然被广泛生产应用。在我国称之为高锰钢（ZGMn13），也被广泛地应用在冶金、矿山、水泥、化工化肥、电力、建筑工程等行业。

高锰钢的设计理论根据是：首先 Mn 在面心立方纯铁中的溶解度是无限的，即 Mn 元素可以各种比例溶解于 γ-Fe 中，此外 Mn、Ni、Co 均可使铁碳合金中的 A_3 温度线下降，A_4 温度线上升，即极大地扩大铁碳合金的奥氏体区。当 Mn 增高到一定数值时，可使奥氏体区扩大到室温以下。这三个元素中，以 Mn 的这种作用为最大。C、N、Cu 元素也有一定的类似作用，但不能将 γ 区扩大到室温，而在较高的温度使 γ 区封闭起来。所以只靠 C、N、Cu 是得不到室温奥氏

体组织的，它们只能起辅助作用。

高猛钢的特点是具有极好的冲击韧性和兼有表层的加工硬化性能，从而表现出在承受冲击载荷的条件下优越的抗磨损能力。这种表层加工硬化数值通常可达到 700 维式硬度（HV），恰似中高碳钢淬火后所能得到的马氏体组织的硬度。这种表层显微组织的转变不遵循一般的相变动力学原理，而是表层金属（含 Mn、C 过饱和的奥氏体）在受到高能激烈冲击时，晶体在切变应力（shearing）作用下转变成高硬度的马氏体。常态下的奥氏体组织硬度在 HB150，而马氏体的硬度（与 C 含量有关）通常可达 HRC 60～67。这种硬化层，随着逐层被磨失，又逐层转变成新的马氏体。因此，高锰钢在激烈的冲击性磨损条件下表现出良好的抗磨损能力，从而保证了铸件使用寿命的延长，同时也表现出难于机械加工的特性。

高锰钢（ZGMn13）的另一特点，也可称之为弱点，就是硬化敏感性差。如果所承受的冲击载荷不够大时，或所接触的磨料介质本身的硬度和锐利程度不高时，则其表面的加工硬化性能就不能很好地发挥出来，表面形不成或形成少许高硬度的马氏体层，使抗磨损能力大大减弱。于是表层很快被磨削掉，影响到铸件的使用寿命。各类非自磨式的球磨机（火力发电、水泥磨等）里的衬板，就是处于这种冲击力不大的情况条件下，所以高锰钢衬板在这类磨机里的实际应用中已经充分表现出了它的不适应性。

高锰钢的化学成分：C 为 1%～1.4%，Mn 为 12%～14%，Si 为 0.3%～0.8% P，S<0.04%，国外高锰钢还有添加 Cr 0.3%～1.0%，Mo 0.5%～1.0%，Ni 1.0% 等。高锰钢在 200℃ 长时间会生成 α-$(FeMn)_3C$＋ε-$(FeMn)_3C$ 组织，从 800℃ 以上缓冷必会使 $(FeMn)_3C$ 沿晶界析出 ε 相，ε 相是 FeMn 金属间化合物，性脆。水冷前钢温必须≥1000℃，从 900℃ 以下激冷，也仍有 $(FeMn)_3C$ 沿界析出。

Mn13% 铸钢的生产工艺已众所周知。容易冶炼铸造，要点在于热处理时缓加热（<100℃/h，1050℃ 水冷固溶极化），净化钢水和低温浇洗法是很有益的。在各国广泛采用 Mn13 的过程，演化发展出 Mn13＋Cr1.5～2.5 的牌号也得到广泛应用。向原始的 Mn13% 钢中添加 2% 左右的 Cr 元素是出于两种理念，先是借助 Cr 对 C 原子的亲和力吸引 C 原子使钢在凝固后期冷却过程中减缓析出。因为 Mn 和 Cr 同属于过渡族元素，它的原子的电子层未填满的程度都比铁原子的电子层未填满的程度大，所以 Mn 和 Cr 原子都比 Fe 对 C 原子的亲和能力强，而易生成碳化物 [MnC，Cr_7C_3，$(FeCr)_3C$，$(FeMn)_3C$ 等]。又因 Cr 和 C 的亲和力大于 Mn 和 C 的亲和力，当铬<2% 时与碳化合成 $(FeCr)_3C$，当铬>2%，易生成$(CrFe)_7C$，碳铬都很高时生成$Cr_{13}C_6$。在钢水凝固和冷却过程中，钢中的铬对碳原子有吸引力，阻止和减缓碳原子析出。随着 C 在奥氏体中溶解度的下降，总是会有一部分铬和锰与碳生成初碳化物沿奥氏体晶界析出，但是已知铬在1000℃奥氏体中的溶解度是 12.8%，即使钢的温度下降到室温，钢中奥氏体终归会有一些铬原子吸引一些碳原子留在奥氏体内，从而减少奥氏体晶界上碳化物的数量，从这个概念上看，向 Mn13% 钢中加入 2% 的铬是有益的。其次借助13% 的锰获得的奥氏体组织，其耐蚀性较利用铬镍元素获得的奥氏体组织的耐蚀性低很多，故高锰钢在大气中和在其他带有酸碱性的介质中容易表层锈蚀，而加快磨损。含铬 2% 左右的高锰钢经水韧处理后 Cr 原子溶在奥氏体中，无疑可增强或改善 Mn 13 钢的耐蚀性，以利延长铸件使用寿命，作者认为这应是把原始的 Mn 13% 钢发展生成 Mn13%＋Cr2% 牌号的理论根据或者说是出发点。实际应用证明含 Cr 2% 的高锰钢铸件有较好的效果。所以，欧美企业向中国购买矿山作业的高锰钢铸件无一不是要求含铬 1.5%～2.5% 的。

2. 中锰低合金钢

笔者曾系统地研究了生产实践中不同类型的中锰（Mn 3.5%～10%）低合金抗磨铸钢材料和相应工艺，主要是奥氏体＋马氏体铸钢和全奥氏体基体时效硬化的铸钢。通过与传统的高锰钢铸件在同一工作条件的对比，所得结果如表 2-7 所示。矿山使用证明中锰低合金铸钢件的抗磨性比传统的高锰钢铸件提高 50%～200%。

表 2-7　不同锰含量的铸钢相对耐磨性的对比

铸件材料	原质量/kg	运转/h	磨损后质量/kg	磨矿石墨/t	单耗/(t/kg)	相对耐磨性
高锰钢	5361	1805.3	2612.6	108278	39.1	1.0
高锰钢	5136	2592	2484.2	158113	59.63	1.513
中锰钢	5200	3786.6	3253	180178	54.92	2.348
中锰钢		3611.8		166876	86.06	3.18

生产实践证明，中锰低合金铸钢用于高层建筑工地上混凝土输送管道的弯头，其使用寿命由传统高锰钢弯头工件的 2000t 提高到 4000t 以上，最高曾达 $1×10^4 t$ 的寿命，而铸件生产成本却低于类似的传统高锰钢。

通过对比不同锰含量的铸钢可以发现，固溶时效强化的高碳低合金的中锰奥氏体铸钢具有更大的实用价值。在使用之前，须经过人工时效处理使铸件整个截面得到一定的硬化，以提高铸件的初始硬度。在使用过程中，又因其具有较敏感的加工硬化性质而使铸件表层发生再一次硬化，则显然有利于延长铸件使用寿命。

研究和发展中锰低合金铸钢的科学依据有如下几点：首先锰、镍、钴都能扩大和稳定 γ 铁区到室温以下。Hadfield 钢（Mn 12%～14%，C 0.9%～1.2%，也就是我国通常称的高锰钢）的马氏体转变温度是－150℃，这说明即便在室外作业，所需的奥氏体组织的抗磨钢只要它的 M_s 点不高于－50℃就能保持其高冲击韧性，也意味着降低锰含量会降低奥氏体的不稳定性而容易发生加工硬化，使之适于更广泛的工作条件。此外当中锰奥氏体中含有过饱和的碳、钒、硼、铜等任一能发生沉淀硬化作用的因素都会引起钢的晶格畸变（如原子脱节、空位、各种位错等）从而增大晶面滑移阻力，有利于增高钢的抗磨性能。

中锰低合金抗磨铸钢（100Mn7CrNiCuTiRE）的化学成分分别为：C 0.9%～1.2%，Si 0.4%～0.6%，Mn 6.5%～8.0%，Cu 0.6%～0.8%，Cr 0.8%～1.3%，N 0.02%～0.05%，Ti 0.2%～0.35%，RE 0.05%～0.1%，N、Cr 0.04%～0.05%，S、P 均≤0.04%。

冶炼工艺为：采用中频炉或电弧炉设备，冶炼工艺同 ZGMn13；所需炉料为高碳或中碳铬铁（Cr＞60%），锰铁（Mn＞65%，C＞7%），氮化铬铁（N 3%～10%，Cr＞60%，钛铁 Ti 28%～30%），稀土合金（RE 24%～31%）；出炉前 5～10min 用铝脱氧，随之加入预热过的氮化铬铁（粒度＜20mm），迅速升温到 1620℃以上。出炉温度≥1600℃，浇铸温度 1480～1520℃，稀土合金和部分钛铁（各 0.2%～0.3%占铁水量）做变质处理用，粒度＜10mm（其余入炉的钛铁粒度可大些）。变质处理方法：将所需的稀土合金 0.2%～0.25%及钛铁 0.2%～0.3%（均占钢水总量），称量准确后，均匀化，分成两等份，一份置于包底，一份随钢水冲入包内。钢包注满后，须采用集渣剂除渣与挡渣。

热处理一般采固溶加时效处理，固溶处理工艺类似 ZGMn13，升温速度＜350℃阶段，升速应＜80℃/h，350℃以上时，≤100℃/h，在 720～750℃保温 1.5h，然后再升到 1050℃保温 3～4h，铸件淬火温度 1030～980℃，淬火后将铸件在 380～420℃，保温 6～8h，出炉空冷。

经以上冶炼及热处理后的样品，其力学性能如下：冲击韧性 α_k＞80J/cm²，水韧处理后铸件硬度可达 HB150～160，时效后硬度 HB＞200，铸件使用后表面硬度 HV600。经检验其显微组织为细晶粒（4 级以上）奥氏体基体＋弥散的碳化物微粒子。

中锰低合金抗磨铸钢除了 100Mn7CrNiCuTiRE 外，还有 120Mn7Cr2NTiV 和 120Mn7Cr2NTiNb，生产工艺与前者基本相同，其化学成分如下。120Mn7Cr2NTiV：碳 1.0%～1.4%，锰 6.5%～8.0%，铬 1.5%～2.0%，氮

0.02%～0.05%，钛 0.20%～0.35%，钒 0.25%～0.4%，硫磷均≤0.04%；120Mn7Cr2NTiNb：碳 1.0%～1.4%，锰 6.5%～8.0%，铬 1.5%～2.0%，氮 0.02%～0.05%，钛 0.20%～0.35%，铌 0.1%～0.15%，硫磷均≤0.04%。此类含钒 0.2%～0.4%或含铌 0.1%～0.15%的中锰钢，经水淬固溶后的奥氏体晶粒度可细化至 5 级或 6 级，一改传统高锰钢历来的粗大晶粒特性（多是 1 级甚至于无极的粗大晶粒度，铸件容易发生冷裂），据笔者的实践中发现中锰抗磨铸钢的主体元素（碳铬锰）的最佳值宜取 C 1.2%，Cr 2.0%，Mn 7%～7.4%。

二、 抗热疲劳剥落与磨损的铸钢

在高温下服役的机件，由于局部温度的变化引起机件自由膨胀或收缩受到约束时，就会引起热应力，而由周期变化的热应力或热应变引起的材料疲劳破坏现象，称为热疲劳，也称热应力疲劳。金属轧制加工时所采用的热坯轧辊则应用在这种典型环境下。热坯初轧机和各种型钢、板钢粗轧机架的轧辊生产广泛采用铸钢材料制成，并不断地有新型钢种被开拓和使用以延长轧辊的寿命和增加生产效率。

当轧辊与 1200～1250℃炽热的钢坯（或锭）接触时，轧辊表面受到钢坯传递的热量和轧辊与钢坯之间摩擦产生的热使轧辊表层 1mm 左右深度的温度骤然升高。据计算和测试，接触区轧辊表面可升高到 700℃左右。随着轧制的过程，轧辊表面这一高温又迅速与热钢坯脱离接触，进入喷水冷却区，轧辊表面温度又急剧下降，轧辊每转一周，其表面上的接触点都经受一次激热和激冷的变化，这是与轧辊转速同步的周期性的激热和激冷。当轧辊表层升温到 700℃时，引起表层膨胀。此时轧辊内部尚处于低温状态因而使表层膨胀受阻，导致表层经受压应力。有关研究文献指出这种压应力可达 500MPa，当轧辊层受到激冷时此表层又变成经受拉应力。如上反复循环使轧辊表面接触点上在经受多次突变应力作用之后发生热疲劳网状裂纹。热裂纹发生严重时可导致轧辊断裂，这是影响轧辊寿命的主要问题。此外，轧辊表面与热环境接触点在重大压力下进行带有一定滑动摩擦性质的滚动摩擦，又不可避免发生峰谷机械咬合、热点黏合和分子面吸引黏合等摩擦力，而使轧辊表面受到磨损。

为了延长辊身表层发生热疲劳裂纹和减少磨损，要求轧辊的材质应有较高的常温屈服强度和断裂强度，较高的高温（700℃）抗压缩屈服强度和抗磨损能力。具有这种特性的材质，其显微结构应该是在强韧而又稳定（不因辊身表面接触点温度变化而发生相变）的基体上嵌有均匀散布的高硬度质点所组成。生产出具有这种理想的显微组织的轧辊不仅须有适宜的化学成分组合，还需要有适宜的冶炼、铸造、热处理工艺为保证。除了要求轧辊材质优越之外，经济的生产成本也是必须的条件。

为了满足热坯轧辊生产工艺上各种条件的要求，笔者研制开发了特种铸钢（代号 HG151）。其化学成分为%：碳 1.4%～1.6%，硅 0.3%～0.7%，锰 0.6%～0.9%，铬 1.0%～1.4%，镍 0.5%～0.9%，铜 0.3%～0.6%，硫 <0.035%，磷<0.035%。其具体熔炼工艺为：待废钢等金属炉料全溶后，升温到 1550～1580℃取样化验 C、Si、Mn、S、P；扒开氧化渣，加入铜块（块度小于 40mm）、镍板和铬铁（块度小于 80mm），全熔后保温 10min 以上，使合金元素扩散均匀，然后取样化验 C、Cr、Ni、Mo、Si、Mn、S、P，加适合炉衬材料的覆盖剂并在 1550～1580℃保温；调整化学成分后向炉内加入 0.1% 的硅铁进行预脱氧，然后加入铝块 0.05%，搅拌后扒渣，测温。1550℃ 出钢，钢包预热到 400～700℃以上，出钢时加入预热到 200℃以上的稀硅铁合金 0.2%（粒度 5～10mm）撒在钢水流上冲入钢包中。钢水面上洒入覆盖剂，静置 5～8min 测温，当钢水温度在 1520～1530℃时，扒净渣浇铸。在铸造轧辊时为防止局部发生缩孔或疏松等缺陷，应采用如下凝固的条件。

（1）采用上注法进行浇铸。

（2）下辊颈采用整体外冷铁型，内壁挂砂 15～25mm，原则上采用树脂自硬砂[可用硅砂，含 SiO_2>96%，粒度 50～100 目，加树脂（1.5%）、固化剂（33%×1.5%）]，也可用铬矿砂（含 Cr_2O_3 34%～48%，SiO_2 7%～10%）代硅砂。

（3）辊身采用铁型，内壁喷涂料 1mm。涂料成分为锆英粉 100＋膨润土 2%＋糊浆3%＋水，烘干。

（4）上辊颈和冒口采用砂型铸造，砂型厚度≥50mm。冒口部位采用绝热材料以保温，浇铸后期点浇冒口并捣压冒口。

（5）轧辊的铸坯直径（辊身和上下辊颈）均需要按成品轧辊图纸上规定的直径加大 15mm，作为热处理后氧化脱皮和脱碳层（以 10mm 计）及机加工余量（5mm 计）。

（6）辊身和下辊颈所用的铁型壁厚相同，均等于辊身铸坯直径的一半，上辊颈和冒口的砂箱可按一般壁厚。

（7）轧辊铸坯的下辊颈长度按图纸规定的长度加长 15mm。

（8）浇铸轧辊后，使铸坯在型内缓慢冷却 36h 以后开箱，即时送入预热到 200℃以上的热处理炉中进行热处理。

（9）对处理后的轧辊辊身轴向表面硬度和材质性能的检测。对已热处理的轧辊毛坯进行加工，加工后的辊身直径应大于规定尺寸 1mm，不得小于规定的直径。轧辊经机加工后，除检查有无气孔、砂眼、夹渣铸造缺陷之外，还须在车光的辊身表面沿轴向测定肖氏硬度，每隔 100mm 测一点。辊身表面的硬度应≥HS37，辊颈的硬度可略低辊身，拉伸强度 σ≥780MPa，布氏硬度 HB≥280。

已有的生产实践证明，具有以上力学性能的铸钢材质和制成的热坯轧辊的使用寿命可比 70Mn2 轧辊的使用寿命延长一倍左右，全寿命的轧钢出材数量相当于 70Mn2 和无限冷硬铸铁轧辊的两倍左右。

锰铬钼钛热坯轧辊用钢的化学成分：碳 0.7%～0.78%，硅 0.3%～0.6%，锰 7.8%～8.8%，钼 0.3%～0.8%，铬 0.8%～1.2%，钛 0.2%～0.3%，稀土 0.02%～0.04%，硫≤0.035%，磷≤0.035%。其具体熔炼工艺如下所述。原料：废钢（中低高碳、合金钢均可，硅钢片除外），高碳锰铁（Mn50%），钛铁（Ti30%），稀土硅铁合金（RE30%）；废钢熔后加入锰铁 4kg/100kg 钢水，全熔后扒渣，加入铬铁 2kg/100kg 钢水，升温到 1550℃，钛铁、铬铁熔化后加钛镁 1kg/100kg，扒渣，取样分析 C、Si、Cr、S、P；调整成分加覆盖剂（珍珠岩或石灰石分＋萤石粉 2：1），保温 1550～1580℃，30min 使成分均匀。1550～1580℃出钢。其浇铸工艺：用钢水上浇铸，浇铸温度 1500～1520℃（原则上低温浇铸）；加覆盖剂后钢水在包内静置 10min，测温后浇铸；钢水包最好用底注式，包底一侧（对出钢槽方向）放入铝 0.05%脱氧和稀土合金 0.3%，粒度 5～10mm。浇铸后，点冒口补缩；轧辊在型内冷却 30h 之后开箱，立即送入热处理炉内，进行热处理。辊身经机加工后，测成分、拉伸强度、屈服强度、延伸率，布氏硬度 HB≥240，显微组织为层状细珠光体基体和少许粒状化合物；机加工后，辊身直径应大于图纸尺寸 1mm，不可小于图纸尺寸。

三、抗流体耐蚀的铸钢

这里所说的抗流体耐蚀是指广泛应用于有色和黑色金属矿山的杂质泵，火力发电厂用的污水泵，煤矿用的煤水泵以及化工、化肥业用的耐酸、耐碱泵的泵体与叶轮材料，它们要经受液体腐蚀和固体磨损的共同作用。这里只介绍高铬抗磨蚀铸钢和低合金抗磨蚀铸钢的冶铸工艺。

1. 高铬合金抗磨蚀铸钢

该钢材主要参考了欧美各国广泛采用的高铬钼铜（Cr15%，Mo3.0%，Cu2.0%）材料，结合我国资源情况，研究出此抗磨蚀新材料和铸件工艺。其生产工序为：熔炼→铸造→清理→软化退火→机加工→硬化处理→安装使用。

该钢材化学成分：C 1.6%～1.8%，Si 0.4%～0.8%，Mn 0.4%～0.8%，Cr 23%～26%，Mo 0.4%～0.5%，Cu 0.5%～0.8%，RE 0.02%，S＜0.04%，P＜0.04%；熔炼与铸造工艺：出钢前应脱氧和镇静，有条件时化验与调整成分；该钢含碳量较高，浇铸温度适当降低到1530～1550℃；炉前做变质处理：RE 0.2%，Si-Ca-Ba 0.25%，粒度＜5mm，采用冲入法；浇包使用时预先加热到＞400℃；砂芯应具有良好退让性；具体铸造工艺设计因件而定；去除冒口，防止用锤击打。

热处理工艺为机加工前采用软化退火，以＜100℃/h升温速率升至650℃保温1.5h，然后升温至950℃保温1.5h，后以＜100℃/h降至700℃后随炉冷却。在机加后须进行硬化处理：以＜100℃/h升温速率升至650℃保温1.5h，然后升温至1050℃保温1.5h，降至540℃保温1h，后以＜70℃/h降至100℃，后以＜80℃/h升至440℃保温6h后随炉冷却。铸态钢材硬度为HB450，退火后HB350～400，硬化后HB≥600。

2. 低合金抗磨蚀铸钢

该钢材可用于输送金砂粉矿浆用三通弯管，其化学成分为：C 0.6%～0.7%，Mn 0.8%～1.2%，Cr 0.8%～1.2%，Mo 0.3%～0.4%，Cu 0.3%～0.4%，Si 0.4%～0.8%，RE 0.02%，S≤0.04%，P≤0.04%。熔炼工艺：炉料为优质废钢，高碳锰铁，高碳铬铁，镍板，钼铁，纯铜，稀土，硅铁，硅钙钡合金；废钢熔后加锰铁、铬铁、熔通后扒渣，加入其他合金材料，升温到≥1600℃取样分析C、Si、Mn、Cr等元素；调整成分，加覆盖剂保温30min并脱氧；出钢温度1560～1580℃，冲入变质剂RE 0.2%，Si-Ca-Ba 0.25%，粒度＜5mm，浇包预先加热＞400℃，浇铸。造型工艺由厂家设计。热处理时，依次在650℃、1050℃、780℃、860℃、650℃保温1.5h、2h、4h、2h、4h后空冷降温，热处理炉内四角处，堆放一些焦炭，保持还原性或弱氧化气氛。热处理后机械加工，铸件的力学性能：HB350，σ_b为800～900MPa，δ为8%～10%，具有良好的综合性能，弯管的使用寿命≥3年。

第四节　低合金钢及其他钢材

所谓低合金钢通常认为是化学成分中添加元素的含量小于5%，降低合金元素一方面可以降低钢材成本，同时部分合金元素只需加入少量，并伴随适当的冶炼及热处理工艺就可以达到预期的性能要求。本节只介绍笔者参与研究过的相关钢材，包括低合金高强度结构钢和低合金抗磨钢，同时对高强度低导磁性的铸钢和低温铸钢的工艺做以介绍。其他钢材请读者查阅相关资料，这里不再赘述。

一、低合金高强度结构钢

所谓高强度通常是指拉伸强度 $\sigma_b \geqslant 600$MPa（也有的称屈服强度，$\sigma_{0.2}$ 为 $300 \sim 800$MPa）。这类钢多是用做机械结构件，故常被称为结构钢。此类钢材通常其含碳量较低，且具有冷热加工成型性，良好的焊接性，较低的冷脆倾向、缺口和时效敏感性，以及有较好的抗大气、海水等腐蚀能力。其中一些牌号的钢经过淬火＋回火（或称调质处理）可兼有较高的硬度，应用于有耐磨要求的高强度结构件的生产。

低合金铸钢品牌甚多，各国均有各自的钢号。美国 ASTM 标准国际上较通用。该标准系列中，要求拉伸强度大于 $617 \sim 1764$MPa 级的低合金铸钢就有几十个牌号。因为除 C、Si、Mn、S、P 元素之外，都附加有 Cr、Ni、Mo 之类的合金元素，要求铸件必须经热处理（正火＋回火或淬火＋回火）后应用。常用的 35CrNiMo 铸钢的热处理工艺和性能如下。

35CrNiMo 的化学成分：C $0.3\% \sim 0.35\%$，Si $0.3\% \sim 0.6\%$，Mn $0.8\% \sim 1.0\%$，Cr $0.6\% \sim 1.0\%$，Ni $0.6\% \sim 1.0\%$，Mo $0.4\% \sim 0.5\%$，S$\leqslant 0.03\%$，P$\leqslant 0.03\%$。其热处理工艺采用扩散退火，温度为 $960 \sim 930$℃，保温 $3 \sim 4$h 随炉冷却。然后采用 $850 \sim 900$℃固溶处理，保温 $2 \sim 4$h，或按铸件壁厚 1.5h/25mm 计，油淬；回火温度为 $570 \sim 600$℃，保温 4h，空冷（不可炉冷以防发生回火脆性）。

经处理后钢材的屈服强度（$\sigma_{0.2}$）$\geqslant 850$MPa，断裂强度（σ_b）$\geqslant 1010$MPa，延伸率（δ）$\geqslant 10\%$，断面缩小率（ψ）$\geqslant 22\%$，布氏硬度（HB）$320 \sim 340$，冲击功（V 形切口）> 13J。经热处理后显微组织（回火索氏体）如图 2-3 所示。

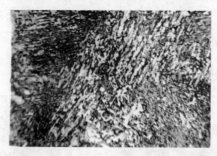

图 2-3　铸钢 35CrNiMo 经热处理后的显微形貌（×250）

二、 低合金抗磨钢

这里所说的低合金抗磨钢主要是与前面所述的高合金耐磨钢相区别，除了合金元素含量较低外，其热处理也有不同，以 30CrMnSiMoRE 为例，其化学成分为：C 0.27%～0.32%，Cr 1.1%～1.5%，Mn 1.2%～1.4%，Si 1.0%～1.4%，Mo 0.3%～0.5%，RE 0.015%。在冶炼时炉前冲入小颗粒稀土硅铁合金（含稀土约 30%），占钢水重 0.2%。

热处理工艺：首先进行扩散均质退火，温度 940～960℃，保温 3～4h；然后淬火处理，在 920～890℃下保温 1.5～2h，水冷（厚壁铸件按 1.5h/15mm 计）；最后回火处理，250～280℃，保温 4h，空冷。

经热处理后钢材的抗拉断裂强度为 1600～1800MPa，屈服强度为 1300～1500MPa，延伸率 3%～4%，冲击韧性 70～80J/cm²，布氏硬度 440～480。显微组织为回火马氏体。

三、 高强度低导磁性钢

低导磁性钢材主要应用在电磁性材料，而高强度针对于载荷较高的环境中，因此高强度低导磁性的铸钢广泛应用在汽轮发电机的顶部重要件端环，该部件用来固定线圈绕组，避免因转子高速而甩出，故需要高强度加高塑性。防巨大离心力使环断裂，又须低导磁性，防止涡流引起转子发热而被迫停止发电。

其主要成分：C 0.4%，Mn 16%～17%，Cr 11%～12%，Ni 18%～22%，V 1.5%～2%，Ti 0.3%。钢材所采用的热加工为 1150℃轧或压使之变形 50% 尺寸，于 1000～1050℃水冷到室温；经 650～700℃保温 4.5h 的时效强化处理。

经上述工艺后测得其性能：$\sigma_b \geq 1300MPa/mm^2$，$\sigma_{0.2} \geq 1100MPa/mm^2$，$\delta \geq 15\%$，$\psi \geq 30\%$；测试磁导率为：$\mu = \dfrac{B}{H} \leq 1.05$（$B$ 为磁通量强度、H 为磁场强度）。

四、 低温铸钢

金属的低温脆性是材料选择时经常遇到的问题，以普通碳钢为例，有的铁素体钢的韧性-脆性转变温度仅为 -20℃，这对于我国北方冬季来讲是常见的温度，这类钢材在该温度以下使用时，会出现韧性的突然下降。有些低温工作环境，如石油气深冷分离设备中，绝大部分的最低使用温度为 -110℃，液氢生产贮运设备温度为$-253℃$，液氢设备工作温度为$-269℃$，这对低温材料提出了极高的要求。一般铁镍基和镍基合金具有较高低温韧性如 ASTM 标准中的 A-286、Inconel718、InconelX-750 等。这里仅介绍一种较常见的低温低锰铁素体型可硬化的低温铸钢 A352 LCC。化学成分为：C $0.18\%\sim0.25\%$，Mn $1.1\%\sim1.2\%$，Si $0.6\%\sim0.36\%$，S$<0.04\%$，P$<0.04\%$（碳由 0.25% 每降 0.01% 允许 Mn 升高 0.04%，但 Mn 不可$>1.4\%$）。铸件的热处理为水淬＋回火（可以正火＋回火），实测常温力学性能（淬火＋回火）：σ_b 为 524MPa，$\sigma_{0.2}$ 为 365MPa，δ 为 18%，ψ 为 29%。低温力学性能（试验温度 $-46℃$）：对于 α_k，单个试样$\geqslant16J/cm^2$，两个试样或三个平均值$\geqslant20J/cm^2$。

第三章

特殊性能的铸铁

含碳量大于 2.11% 的铁碳合金称为铸铁，铸铁作为重要的工程材料，早在我国春秋时期就开始生产和应用，直到现在，铸铁也是最常用的工程材料之一，据统计铸件在农用机械中占 40%～60%，汽车拖拉机中占 50%～70%，机床制备中占 60%～90%，之所以应用广泛，主要是由于铸铁具有减磨性及耐磨性很高，优异的消振性以及低的缺口敏感性，铸造性能好，具有优良的切削加工性等优点，当然其最大的优势在于生艺简单、成本低廉。当然铸铁的缺点也很明显，与钢相比其力学性能如拉伸强度、塑性、韧性等均较低。

碳含量高是铸铁与钢材最主要的区别，此外碳的存在形式也不同，如灰口铸铁中的碳全部或大部分以游离状态的石墨形式存在于铸铁中，断口呈暗灰色；白口铸铁中的碳以 Fe_3C 的形式存在于铸铁中，断口呈银白色，组织硬而脆，难以切削加工，可利用它硬而耐磨的特性，制成耐磨零件。而麻口铸铁中的碳一部分以石墨形式存在，另一部分以 Fe_3C 形式存在，断口夹杂着白亮的渗碳体和暗灰色的石墨。如果石墨以团絮状存在于铸铁中，则为可锻铸铁，如果石墨为细小球状，则为球墨铸铁；若石墨为蠕虫状，则为蠕墨铸铁。特别是球墨铸铁与蠕墨铸铁，由于其性能与钢相近，具有铸造性能好、生产方便、价格低廉的特点而在工业中得到广泛应用，本章部分选取了几种笔者参与研究开发的铸铁进行介绍。

第一节　中锰球墨铸铁

最早的球墨铸铁出现在 1949 年，由英国皇家学院用金属铈处理铁水使石墨球状化，随后前苏联机械科学研究院用镁处理铁水制成球墨铸铁。此后，各国相继采用冲入法和压力包加镁法以纯镁作球化剂投入生产。随着进一步研究，人们采用镁铜合金和镁硅合金作球化剂，以减缓镁气沸腾。这种价格便宜而性能可与钢相媲美的材料的出现受到全世界的关注，我国也开始球墨铸铁的研发。笔者参与了我国球墨铸铁的探索试制。通过研究发现即便加镁过量或孕育不佳而铸成全白口铸铁，经900℃以上退火2h，也能变成完好无损的球状石墨。所获得的球墨铸铁的显微组织以珠光体＋铁素体包围石墨球，被称为牛眼状组织。其力学性能近似45号铸钢，因而在机械工业中广泛应用，可取代中碳铸钢件。

为了适应冶金、矿山、动力机械、石化机械等行业的多样需求，在普通球墨铸铁的基础上研究发展具有特殊性能的新型球墨铸铁材质和工艺方法。笔者在钼钨合金球铁研究基础之上，开展了中锰球墨铸铁的研究。该铸铁可以在工业上很多领域替代钢材，如采矿业中大型球磨机用磨球每年消耗大量锻钢球，用中锰球铁替代锻钢将节约大量资金。此外球磨机衬板、破碎机锤头以及大型斧头（锻钢斧头不易淬透淬硬）等方面也有广泛应用。但实践中发现中锰球铁的质量与生产工艺密切相关，如某铸造厂生产的中锰球铁磨球硬度仅为HRC38，这主要是由于材质的化学成分和生产工艺不当所引起的。实质上这种硬度较低的中锰球铁的含锰量大于6%～9%，形成80%以上的奥氏体＋碳化物，没有马氏体和贝氏体，或者含锰量小于4.5%，形成大量索氏体基体而性脆，从而导致极易断裂。另一种引起其质量参数较低的原因则可能是其在砂型铸造中未控制磨球的冷却过程所造成的，总之是属于低硬度、不抗磨，在使用过程中易破碎的不合格的中锰球铁产品。

根据在科研和生产实践中的总结所掌握的中锰球铁材料的产品生产技术核心有二。其一，除特大型衬板外，化学成分中含锰量必须限定在4.8%～5.8%范围内，不可达到或超过6%，也不可小于4.5%，并配合以适宜的碳硅当量。其二，既然要铸态应用，不对铸件做热处理，则仍须遵循其相变规律去控制铸件的冷却工艺。

控制铸件冷却工艺的原则是使红热铸件从1000℃（最低700℃）在空气中冷却，当铸件变黑（400～450℃）时，使铸件缓慢冷却（可堆在一起，也可放入砂坑中）。这种冷却制度最适于铁型浇铸磨球、锤头、小衬板。如果是砂型则显然劳动强度大了。浇铸大衬板时应采用半面（工作面）铁型，半面潮砂型，可以不热开箱。若用砂型生产锤头和衬板，可不须控制铸件冷却，做一次正火处理，也是可以获得良好显微组织和性能的（900℃、1～2h空冷，不回火）。通过多年的开展中锰球墨铸铁研究与生产的经验，对从科研与生产实践中取得的认识和经验工艺技术概括如下。

一、化学成分与显微组织

化学成分（其中括号内为最佳成分）：碳3.2%～3.5%（3.3%），硅3.4%～

3.8％(3.6％)，锰 4.8％～5.6％(5.2％)，镁 0.022％～0.025％(0.024％)，
磷＜0.08％,硫＜0.02％,稀土 0.02％～0.04％。

按照上述成分制备出的铸铁的显微组织如图 3-1 所示，由占基体 70％以上的
马氏体和上、下贝氏体包围球状石墨＋15％的高韧性的奥氏体包围着 10％以下
的碳化物，这种组合结构使材质硬而不脆，硬韧和谐，适应冲击磨损条件。

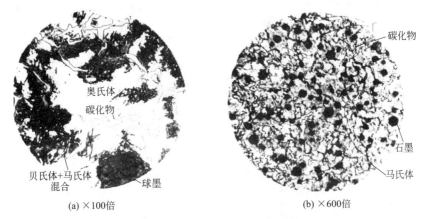

(a) ×100倍 (b) ×600倍

图 3-1　中锰球墨铸铁显微金相图

二、 铸件生产工艺

铁水的熔炼可以用冲天炉、感应炉、电弧炉或冲天炉与感应炉双连等；金属
炉料可以用生铁＋废钢或生铁＋回炉铁＋废钢为基本炉料，配以适量的锰铁和硅
铁熔成原铁水，若含锰 3％～7％的生铁为原料则更有利，但所采用金属原料的
化学成分必须明确；待铁水全熔后，取样分析碳、锰、硅的含量，不符合要求的
成分，应予调整。分析期间应用小电流保温铁水。

球化处理是制备球墨铸铁的最重要步骤：原铁水成分合格后，迅速加大电流
升温到 1400～1450℃，扒渣出铁。设铁水包每包盛铁水 200kg，则球化剂（稀土
镁合金）按 0.7％（无须 1.2％或 1.4％）。一般球铁计算为 1.4kg，事先将该合
金打成 ϕ5～10mm 小粒，放入红热的包底，上面覆盖 100mm 厚的干燥的稻草或
草袋片，冲入铁水总量的 2/3，然后用铁锹向出铁槽的 1/3 铁水流中冲入 ϕ5mm
的干热硅铁粒，按 200kg 铁水的 1.4％计算（约为 2.8kg），进行孕育石墨化处
理。用钢棒搅拌 0.5～1.0min，用铁勺取样浇铸三角试片检查断口。

炉前检验石墨球化程度可采用两种方法：一种是用朱氏肉眼观球法；另一种
可用三角试片，将木型的尖部向下压入潮砂型，取出木型备用。当向砂型中浇入
铁水凝固后，用钳子夹出三角试片，在空气中晃动加快冷却到紫黑色时，淬入水

中冷却到室温，然后打断，看断口。若三角试片尖端有≤5mm白碴，整个断口呈现出丝绒状银灰色，则显微组织合格（球化良好），如有黑点则球化不良，应用事先准备好的钢质钟罩压入铁水中0.2％的稀土镁合金，然后浇铸。如果试片断口上呈现出多个条形暗白点（为碳化物），说明硅量太少，应该用钟罩压入硅铁粒（质量分数为0.4％）进行第二次石墨化，或者向手端包中放入硅铁粉（每个手端包底上放入硅铁粉200g），冲入铁水后浇铸［以每手端包铁水质量20kg计，即加入硅铁1/100（铁水重）］。移开使空冷，全黑时集中缓冷，可大批生产磨球。

三、 铸件造型和冷却工艺

通过研究中锰球铁的奥氏体转变曲线发现必须控制铸件冷却速率才能得到理想的显微组织与性能。铁水成分为C 3.5％、Mn 5.8％、Si 3.7％、S 0.02％、P 0.10％的中锰球铁冷却过程中，650~750℃最易析出珠光体，500~650℃逐次析出索氏体和屈氏体，在320℃左右转变成上、下贝氏体，在150℃开始转变成马氏体，并有一部分残留的奥氏体。一般450℃~1000铸件应快速冷却，如空冷或风冷，在450℃以下铸件应缓慢冷却（集中放入沙坑或堆放）。对于衬板、锤头类产品可经900~940℃正火，全黑后（450℃）入炉缓冷到50℃出炉，或全黑后堆集冷却。

为适应这种控制冷却的要求，最好采用铁型，凝固后即开箱，才便于控制冷却。若必须使用砂型，据笔者经验不宜用砂箱的潮砂型，也便于去砂控冷，待铸件冷却降至室温时，打掉冒口清理。此外经验表明使用成排铁型，架高500mm，型腔刷石墨涂料，铁水凝固后开箱，红球落地后移开使其空冷，待其全黑后缓冷，即可大批量生产磨球。

通过上述工艺制备出的磨球硬度HBN＞480~520（低铬白口铸铁的HBN仅320~340）；试片的冲击韧性α_k为18~22J/cm²（低铬白口铸铁α_k为2~4J/cm²），珠光体球墨铸铁的HBN180~220，α_k为8~12J/cm²，可见含Mn 5.4％，按上述工艺生产的中锰球铁铸件材质，具有硬韧协同的独特性质。

四、 大衬板生产工艺

以几何尺寸为730mm×390mm×150mm，单个重量＞110kg的大衬板为例，根据体积大、壁厚、质量较重和使用条件的要求，来确定相应的力学性能（硬度和冲击韧性）。按所要求的性能，选择适宜的显微结构。再按照显微结构的要求，确定合理的化学成分和正确的熔铸工艺。

1. 化学成分

要求衬板的工作面之表层 $20\sim25mm$ 处，具有较高的硬度，争取达到 HRC $\geqslant55$，下箱宜采用铁型，厚度同衬板的 1/2。其后的部位具有 HRC50～45 的硬度和 $\alpha_k\geqslant15J/cm^2$ 的韧性。这样，该衬板在使用过程中既不会断裂又比原 ZG42 低合金钢衬板有较长的使用寿命。这种分层的性能需要有分层不同的显微组织。即表层（25mm 内）具有碳化物（40％～50％）＋针状马氏体＋下贝氏体＋极少的残余奥氏体组织。从表层 25mm 以后的部位具有马氏体＋上、下贝氏体为主＋10％～15％的奥氏体基体，＜15％粒状碳化物。石墨为球状。化学成分宜用 C±3.3％，Si±3.5％，Mn6.0％～6.5％。

2. 炉前处理

铁水熔化温度 1500℃，出炉温度 1380℃，处理前铁水含硅量控制在 3％～3.3％。浇铸温度 1260～1320℃，铁水包预热温度＞500℃。包底坑内放置稀土硅镁合金（Mg 7％～9％）球化剂 0.7％（占包内铁水量），粒度 10～20mm。球化剂上面压盖干燥的覆盖物。在冲入包容量 2/3 的铁水后，随其余 1/3 量的铁水流冲入孕育（墨化）剂（75SiFe 或 SiFe＋Si-Ca），质量按铁水总量的 1.4％计（孕育剂应预热 300℃，粒度 5mm），采用适宜的覆盖剂，立即作三角试片测试。若试片断口尖部有小于 5mm 白口，余部呈银灰色且丝绒状茬口，说明球化良好，而且显微结构合格，即进行挡渣浇铸。壁厚小于 50mm 的小衬板，化学成分宜用 C 3.3％～3.5％，Si 3.5％～3.8％，Mn 5.0～5.5％。采用潮砂型，无须半面铁型。抗冲击磨损球墨铸铁实际应用与有关材料对比结果如表 3-1 所示。可见中锰抗磨球铁在实际使用中具有更长的寿命。

表 3-1　抗冲击磨损球墨铸铁实际应用与有关材料对比结果

材料名称	铸件名称及规格	使用条件	寿命对比
中锰抗磨球铁	磨球 $\phi30mm$，$\phi40mm$，$\phi50mm$，$\phi60mm$，$\phi80mm$，$\phi90mm$，$\phi100mm$，$\phi120mm$	有色矿山选矿厂，矿石硬度 $f=10\sim12$。球磨机直径 3.2m，每批 50t 球。水泥磨机球径 100mm，铁矿、选矿厂	2～2.5 倍
中碳锻钢球			相同
中锰抗磨球铁	球磨机中衬板单重 92kg/个，壁厚 90～110mm	铁矿、选矿厂，磨机直径 5.4m，矿石硬度 $f=12\sim14$	7.5月（废）
高锰 13 铸钢			6.5月（废）
中锰抗磨球铁	锤头 3.7kg/个	破碎煤块，生产煤粉，锤式破碎机，每机装 24 个锤头	70～75d（废）
高锰 13 铸钢			12～15d（废）
白口铸钢			12d（有断）

第二节　低合金高强度球墨铸铁

物质的通性是强度与硬度是协同的关系，硬度与韧塑性是相悖的关系。球墨铸铁也不例外，普通球墨铸铁的基体由珠光体、铁素体构成，其强度、硬度、韧塑性都在一定的范围之内。欲突出升高其强度又不过多地损低其韧塑性，只有两个途径：一是在原有元素之外，附加其他适量的"特殊合金元素"；二是采取不寻常的热处理工艺。两种途径都是改变原来的珠光体、铁素体为强度、硬度较高，韧塑性适当的显微基体组织，这类金属基体非上贝氏体、下贝氏体莫属，当然也不能不允许少量其他次要的组织共存（如屈氏体、马氏体、索氏体）。为达此目的，对于 Mo、W、Cu、Ni 等元素应取其一或其二适宜的加入量，其中 Mo 是延缓奥氏体相变（即右移 S 曲线）最有力的元素，可单独使用 Mo，或 Mo-Cu 组合或 Ni-Mo 组合，都可在铸态尤其是在热处理之后便得到最理想的贝氏体为主的金属基体，而达到高强度兼中等韧性要求。

一、铜钼合金球墨铸铁

如前所述，二者可通过适当的工艺形成贝氏体为主的金属基体，其中铜钼合金球墨铸铁化学成分为：C 3.4%，Si 2.7%，Mn 0.64%，Cu 1.1%，Mo 0.8%，Mg 0.116%，S 0.016%，P 0.056%。钼合金球墨铸铁的化学成分为：C 3.4%，Si 2.46%，Mn 0.79%，Mo 1.19%，Mg 0.116%，S 0.016%，P 0.056%。分别测试二者的铸态和热处理后的力学性能（室温），结果如表 3-2 所示。

表 3-2　钼及铜钼合金球墨铸铁力学性能及显微组织

试样	状态	拉伸强度/MPa	延伸率/%	布氏硬度	冲击韧性/(J/cm²)	显微组织
铜钼合金球墨铸铁	铸态	590	1.2	280	9	索氏体+屈氏体+少许碳化物+石墨球
	正火(850℃,2h)+回火(300℃,2h)	680	0.7	430	12	贝氏体+少许回火马氏体和索氏体+石墨球
钼合金球墨铸铁	铸态	752	2.0	238	11	索氏体+贝氏体+少许碳化物+石墨球
	正火(900℃,2h)+回火(300℃,4h)	912	1.4	438	19	贝氏体+少许回火马氏体+索氏体+石墨球

对比两种合金球墨铸铁，可以发现二者的力学性能与显微组织相差不多，适当增加钼元素含量（相应降低铜含量）会提高一定的力学性能。

二、镍钼合金球墨铸铁

这种合金球墨铸铁在北美一些铸造工厂是经等温淬火之后用于机械工业中的曲轴、连杆、齿轮类产品。为了在等温淬火前铸件能迅速完全地奥氏体化，要求铸态没有碳化物。因此须控制 Mn 含量≤0.3%。为保证等温淬火过程中不产生一点共析体（珠光体或索氏体）而转变成贝氏体组织，用 Mo 和 Ni 适当地配合是必需的，但 Mo 含量不能多。因为可加入适量的铜，依靠 Ni、Mo、Cu 使奥氏体相变温度下移和共析转变迟缓（即 S 曲线右移），才能确保奥氏体在 300～400℃发生等温转变，以获得预期的组织和性能。等温淬火的球墨铸铁的力学性能高于正火和铸态性能很多，国外对这种铸铁统称为 ADI（austenpered ductile iron）。

化学成分：C 3.5%～3.8%，Ni 1%～1.5%，Si 2.4%～2.6%，Mn ≤0.3%，Mo 0.2%～0.4%，Mg≥0.08%，S≤0.03%，P≤0.1%。等温淬火工艺：850～920℃保温 2h，迅速淬入亚硝酸盐溶液中（320～400℃），保温 2～3h，然后空气中冷却。室温拉伸强度 980～1274MPa，延伸率 1% ～2%，布氏硬度 300～400，冲击韧性值 40～80J/cm^2，断裂韧性值（K_{IC}）75～105MN/m$^{3/2}$，比普通铁素体球铁的断裂韧性值高一倍多，后者仅是 35～54MN/m$^{3/2}$。

三、低钨合金球墨铸铁

国内外较少见有关的研究报告，笔者在提高铁素体基体球墨铸铁的中等温度（350～690℃）的强度，并防止和克服铁素体球铁在中温时容易发生脆性（蓝脆）的过程中，曾研究过钨的作用。由于钨元素与碳原子的化合能力次于钛和钼，而且钨在铁素体球铁基体内会有一定的溶解度（在 20℃，无碳的纯铁体中能溶解 33%）。此外，钨原子很重，对于阻碍其他元素的扩散起到有力的作用。

低钨合金球墨铸铁化学成分为：C 3.06%，W 0.61%～0.83%，Si 3.06%，Mn 0.91%，S 0.012%，P 0.10%，Mg 0.113%。测试其铸态及热处理后的力学性能及显微组织，如表 3-3 所示。

表 3-3　低钨合金球墨铸铁力学性能及显微组织

试样	拉伸强度 /10MPa	延伸率 /%	断面缩小 /%	布氏硬度	显微组织
铸态	55.2	0.8	2	237	珠光体 65%＋牛眼状铁素体 30%＋球状石墨＋5%碳化物
经退火处理(920～950℃，6h)，炉冷至650℃，出炉空冷	77.5	13	21	178	铁素体＋球状石墨

含钨 0.6%～0.8%的铁水很不易获得铸态 100%的铁素体基体组织，而倾向于铸态形成细珠光体＋铁素体的基体组织。经过高温退火热处理后，获得固溶 0.6%～0.8%钨的铁素体基体球铁比普通铁素体球铁的强度提高 100～150MPa。尤其是 400MPa 以上的屈服强度对于结构设计很有意义，屈服强度的提高与钨元素大原子的固溶强化有直接关系。

第三节　蠕墨铸铁

近年来蠕墨铸铁在世界各国铸造行业中越来越显示出其独特又优异的性能。因而在各类行业中正在不断扩大其应用领域。所谓蠕墨铸铁，顾名思义就是蠕虫状石墨的铸铁。在欧美各国原名为 Vermicular（蜗牛状）石墨或 CoM-Pacted（紧密的）石墨铸铁，在日本有称其为芋虫状石墨铸铁（圆头、短粗）。经测量其石墨的长度对直径的比率是 2～10，石墨的面积对石墨周边的比率 0.25～0.5，圆头石墨而不是像灰铸铁那样长条尖头石墨。各圆头石墨在共晶团内紧密连接，其共晶团化球铁和灰铁的共晶团大而少。这种独特形貌的石墨形成可认为是石墨球化过程的变异。研究人员曾在蜗牛状石墨中发现镁和钛，使人可以想象在凝固过程中奥氏体晶体外或内曾经发生石墨球化与反球化的物理反应。这种蜗牛状或者蠕虫状石墨常被铁素体包围，而铁素体又被珠光体包围，构成类似球墨组团常出现的"牛眼"结构。这是蠕墨铸铁铸态具有优越的力学性能（良好的强度、韧性和塑性），以及突出的减磨性的原因。因而蠕墨铸铁在欧洲、美洲和亚洲许多国家已经应用于火车、汽车的刹车制动器、气缸头和钢锭模的生产。

关于蠕化机理国内外科研表明，以镁作石墨球化剂已无疑义。而钛则与镁的功能相反，成为反球化剂，二者互相制约，使石墨既不呈球形也不呈条形，导致呈蠕虫状。蠕墨铸铁的强度和韧塑性介于球铁和灰铁之间。其铸造工艺性能却优于球铁，并不逊于灰铸铁。这也是其得到广泛应用的一个原因。

蠕墨铸铁的化学成分，通常取 C $3.4\%\sim3.6\%$，Si $2.2\%\sim2.4\%$（当量：C+Si/3=4.1～4.3），Mn $0.4\%\sim0.6\%$，S $\leqslant0.04\%$（可允许 0.08%）。铁水可用冲天炉或感应电炉供给，出铁水温度最好 1450℃。蠕化剂可采用稀土镁合金（含镁 $7\%\sim9\%$）$0.6\%\sim0.7\%$（占铁水质量）+钛铁（含钛 30%）0.3%（占铁水质量）。将蠕化剂打成粒度 5～8mm，预热到 200℃，30min 以上除尽表面上水分，铁水包呈红热状态，至于包底上（最好用稻草片覆盖好），冲入所需铁水量的 2/3，其余 1/3 铁水流子中洒入硅铁小粒（3～6mm，事先烘干）冲入包内，然后用钢棒搅拌 20s（不扒渣）。浇铸试棒（ϕ20mm，长 100mm）。用潮砂型，凝后取出淬水（从红黄色，约 950℃入水），打断观察断口上有均匀分布的黑点，基体呈灰白色则认为正常，可以立即进行浇法铸件，若断口出现暗白色条形就是石墨化不完全出现 Fe_3C 硬脆相，需在大包倒小包浇法之前在小包中加入硅铁粉（0.4%）或铝粉（0.1%）进行第二次石墨化。制备出的样品测试力学性能如表 3-4 所示，其显微组织形貌如图 3-2 所示。

表 3-4　蠕墨铸铁室温力学性能

项　目	拉伸强度 σ_b /MPa	延伸率 δ /%	冲击韧性 α_k/(J/cm²)		布氏硬度值 (HBN)
			有缺口	无缺口	
铸态	350～400	2～3	20	60	170
正火（930℃）	355～400	3～4	40	80	180

图 3-2　蠕墨铸铁典型的石墨形态

第四节　耐热铸铁

耐热铸铁主要用于制造加热炉附件，如炉底板、输送链构件、换热器、炉条、高炉支架式水箱、金属型玻璃模、矿山烧结车挡板玻璃窑烟道闸门、玻璃引上机墙板、加热炉两端管架等。这就要求其不仅有耐高温性，还要具有一定的耐氧化性。由于高温炉在工作时，氧化性气体沿石墨片边界或裂纹渗入铸铁内部造成氧化。因此须向铸铁中加入铝、硅、铬等元素，使铸件表面形成一层致密的 SiO_2、Al_2O_3、Cr_2O_3 等氧化膜，能明显提高高温下的抗氧化能力，同时能够使铸铁的基体变为单相铁素体。此外，硅、铝可提高相变点，使其在工作温度下不发生固态相变，可减少由此而产生的体积变化和显微裂纹。铬可形成稳定的碳化物，提高铸铁的热稳定性。本节主要介绍几种常见耐热铸铁的工艺特点。

一、中硅耐热灰铸铁

化学成分：$C \leqslant 2.6\%$，$Si\ 4.6\% \sim 5.2\%$，$Mn \leqslant 0.4\% \sim 0.8\%$，S、P $\leqslant 0.1\%$。上述成分中，生铁中含碳高达 4%，但由于硅的影响使铁水中的碳自然平衡下降到 2.6% 以下，同样铁水面出现漂浮石墨。硅的含量不宜达到 5.5%，否则铸件易脆裂。笔者经验发现 W 含量宜为 $0.5\% \sim 0.6\%$。

显微组织和力学性能：铁素体基体（Si、Mn、W 均溶于铁素体中）＋短片状石墨。该铸铁耐热（抗氧化）原因在于：硅在 α-Fe 中的溶解度（$200℃$）最多可达 18%，含 Si 5% 即可阻止氧原子渗入内部，而不生成 FeO 或 Fe_2O_3。但 Si 原子固溶于 α 铁晶体点阵之后，引起 α 铁晶格的畸变而使其发生硬化和脆化。其室温的力学性能如表 3-5 所示，实测中硅耐热灰铸铁 $900℃$ 时，拉伸强度 20MPa。

表 3-5　不同含硅量铁素体基体灰铸铁的常温力学性能

材料	硅/%	拉伸强度/MPa	延伸率/%	硬度 HV	冲击功/J
普通灰铸铁	3.0	160	2.0	140	80
中硅灰铸铁	5.2	340	0.3	330	20

使用条件：适用于受力不大的工作条件。优点是工艺简便，生产成本低廉；$900℃$ 以下的热空气中有尚好的抗氧化性［氧化速率 $14.33g/(m^2 \cdot h)$］。宜用潮砂型铸造，铸件在型内缓冷到 $50℃$ 以下开箱，以防铸件发生冷裂。可用稀土硅铁镁合金（含 $Mg \geqslant 9\%$）处理成球墨铸铁。在中硅（$4.6\% \sim 5.2\%$）铁水中加

入 Al 1.5%～2.5%，成为中硅铝耐热灰铸铁。在实际应用中，以某焦化厂烧结窑的扒焦铲为例，采用中硅铝耐热灰铸铁材质使用寿命两个半月，原用普碳钢铲，使用寿命仅为半个月。

二、中硅中铝球墨铸铁

球墨铸铁与灰铸铁相比由于石墨呈细小球状，所以力学性能要优于后者，但由于要加入球化过程，工艺更复杂。其化学成分为：C 2.6%～2.4%，Si 4.8%～5.2%，Al 5.2%～4.8%，Mn 0.4%～0.2%，S≤0.02%，P≤0.1%，Mg 0.05%，RE 0.02%～0.01%。其显微组织为铁素体（固溶 Si，Al，C，Mn）＋球墨铸铁。

力学性能：常温拉伸强度 250～350MPa，延伸率 1%～1.5%，布氏硬度 310～340，冲击韧性 2J/cm²；当温度为 900℃时测得拉伸强度 50～70MPa，冲击韧性 80～100J/cm²。抗高温氧化性能比单一中硅灰铸铁和中硅球墨铸铁都优越，可参见不同中硅铸铁氧化速率（见表 3-6）。

表 3-6　不同中硅铸铁及耐热钢不同温度下氧化速率对比

材　　料	900℃,200h 氧化速率/[g/(m²·h)]	1050℃,250h 氧化速率/[g/(m²·h)]
中硅(5.3%)中铝(5.2%)球铁	0.0076～0.0093	0.0301
中硅(5.5%)灰铸铁	8.3688	14.3278
中硅(5.6%)球铁	0.0407	0.5095
铬 25 镍 13 硅 2 耐热钢	0.0191	0.1437

一般中硅中铝球墨铸铁可用于高温烧结炉、焙烧炉使用的炉条、炉算等铸件。其生产工艺为：使原铁水含硅 4.5%，出炉温度 1380～1400℃，铁水包围放置铝锭 5.5%（铁水重）和稀土硅铁镁合金块（Mg≥9%）1.4%（铁水重），粒度 10mm，盖一层薄铁板，板上放 4～5 层干燥的稻草袋，冲入 2/3 总量的铁水，随后在 1/3 铁水流中加入占铁水总重 0.8%～1.0%的硅铁（Si 75%）小颗粒（ϕ5～10mm），稻草燃烧的火焰使铁水液面上部失氧，草灰厚度约为 100mm，可起到保温同时避免氧进入铁水中，立即用钢勺搅拌铁水，扒去草灰或挡渣快速浇铸，可以防止铁水中铝元素偏析，待铸件凝固后去掉压箱铁，将铸件在型腔缓慢冷却到 50℃以下开箱，防止铸件冷裂。

三、高铝耐热铸铁

高铝耐热铸铁适宜的化学成分为：碳 1%，铝 26%～27%，硅≤0.6%，锰≤0.6%，硫≤0.1%，磷≤0.1%，钛 0.2%（或铈 0.02%～0.5%）。显微组织为针状的 Al_4C_3 化合物＋铁素体（含铝的固溶体）。常温硬度为 HB220，常温拉伸强度为 250MPa。

耐热耐蚀性：低载荷条件下耐高温（≤1240℃）、耐热空气氧化和燃气腐蚀。耐 950℃碳酸盐溶液和 550℃硝酸盐溶液的腐蚀，耐 1100℃硼酸溶液的腐蚀。此类铸铁除抗高温氧化外，在高温下有一定的耐磨性。其高温氧化性能优于高铬铸铁（C 2.36%，Cr 34%，Si 1.8%，Mn 0.70%，Ti 0.3%，Al 0.30%），也优于超低碳镍铬耐热铸钢（C 0.03%，Cr 19%，Ni 15%，Si 5%，Mn 0.2%）。在同等条件（抛光的试样，气压为 0.1MPa，1100℃保温 8h）试验后，实测结果如表3-7 所示。

表 3-7　高铝耐热铸铁与其他铸铁氧化常数的对比

材　料　类　别	氧化常数$/[g^2/(cm^4 \cdot s)]$
高铝耐热铸铁（Al 27%）	$(1.6～2.5)\times10^{-12}$
高铬铸铁（Cr 34%）	1.15×10^{-10}
超低碳镍铬硅铸钢（$Ni_{15}Cr_{19}Si_5$）	8.77×10^{-12}

第五节　耐磨灰铸铁与白口铸铁

一、气缸套用的耐磨灰铸铁

动力机械中的发动机中最易损坏的部件就是气缸套和活塞环，气缸套磨损之后引起发动机功率下降，油耗增加。近年来，世界各国发动机向着高速高效方向发展，对气缸套与发动机的寿命要求提出了更高的要求，因此气缸套用的耐磨灰铸铁的研发应运而生。

气缸套的失效主要以磨损失效为主，个别情况下也有发生穴蚀而失效的，而磨损失效常有因道路尘埃和燃烧产物造成磨料磨损，磨料粒子在活塞环的压力下嵌入气缸套基体金属表面而形成犁削的沟槽。另外气缸套中燃烧的气体压力也会引起滑润油膜破裂，造成气缸套与活塞环局部金属接触。在燃烧热和摩擦热的影响下，金属接触面发生氧化而后焊合撕落，即熔着或黏着磨损。

研究结果表明提高气缸套使用寿命的着眼点就是针对以上两类磨损，要求设计材料要有较以往气缸套材料更能抵抗磨料磨损和黏合磨损的物理化学性能和显微组织结构。

化学成分：碳 3.0%～3.5%，硅 3.0%～3.6%，锰 0.4%～0.8%，磷 0.25%～0.4%，硫≤0.08%，铬 0.5%～0.8%，钒 0.30%～0.40%，钛 0.15%～0.25%，锑 0.04%。其显微组织为：基体为珠光体、钒和钛的小粒子碳化物均匀分布，少许磷共晶。铁素体须限制在 3% 以下，细小的 A 型石墨片。力学性能：$\sigma_b \geq 200MPa$，布氏硬度 HBN 220～280。

生产工艺为冲天炉或感应炉熔化铁水，微量元素均可炉前冲入，仅硅铁需加入炉内，出炉温度≥1450℃，采用潮砂型浇铸。

二、高铬低合金抗磨白口铸铁

早在 20 世纪中期，美英等国家就在矿山、发电、冶金工业中广泛使用 $Cr_{15}Mo_3$ 材料，来制造球磨机中的衬板取代 $ZGMn_{13}$ 衬板，其使用寿命是 $ZGMn_{13}$ 的 4 倍以上。用它制作杂质泵的叶轮、泵体等也是寿命最长的材质。近年来，日本在中国的合资企业（如冀东水泥厂等）都严格要求必须使用 $Cr_{15}Mo_3$；作为衬板、锤头和磨球（尤其生产白水泥必须用它）。但 $Cr_{15}Mo_3$ 的造价太高，在中国难于广泛应用。

为了降低此材料的生产成本，而综合性能又与 $Cr_{15}Mo_3$ 基本相当。经研究和试用验证，制定了较适于中国情况的材料。用这种新材料和工艺制造衬板、颚板等抗磨铸件，其使用寿命是高锰钢件的数倍。

化学成分：C 2.4%～2.7%，Cr 14%～16%，Mo 0.9%～1.2%，Cu 0.6%～1.0%，Si 0.9%～1.3%，Mn 1.2%～1.8%，B 0.005%～0.01%，RE 0.05%～0.1%。主要原材料为生铁、废钢及相应的铁合金。生产工艺：中频炉熔化。硼铁、稀土等作变质处理剂，热处理为 930℃、保温 3～4h 后空气中吹风冷却。样品的金相组织为马氏体基体＋复合碳化物＋奥氏体。测试其性能：HRC55～60，$\alpha_k \geq 40J/cm^2$。

该铸铁应用实例：在某水泥厂用作球磨机衬板使用对比，运行 8045h，高锰钢失重 52.35kg，高硬合金白口铸铁失重 5.815kg；在某选矿厂用作风扇磨打击板对比，高锰钢使用寿命 360h，磨损 16.67kg，相对耐磨比率 100%。高硬合金白口铸铁使用寿命 1080h，磨损 4.63kg，相对耐磨比率 360%；于某构件厂用作板锤，寿命也是高锰钢的数倍。用作以上三种产品，均无一发生断裂。

三、铬 28 耐酸耐磨铸铁

当铸铁构件除需耐磨外，还有较强的酸性腐蚀介质时，与耐蚀不锈钢相似，需对铸铁中添加大量的铬元素来提高铸铁的耐蚀性。以铬 28 耐酸耐磨铸铁（近似 ASTM A532 第三类型号 A）为例，其具体的化学成分为：Cr 26%～28%，C 1.8%～2%，Si 0.4%～0.8%，Mn 0.4%～0.8%，S＜0.06%，Mo 0.4%～0.6%，Ni＜0.2%，Cu＜0.1%。当构件需机加工时，必须作退火处理，机加工之后，必须正火（1050℃空冷，使组织转化为马氏体）和回火（535～435℃），有消除应力和时效强化作用。具体热处理工艺如下。

退火：为保持升温速度＜110℃/小时缓慢加热至 649℃后再升温至 955℃，保温 2h 之后，以每小时＜100℃降温，在炉内冷却至 699℃之后在炉内自然冷却。

正火：缓慢加热至 649℃，然后升温至 1050～1065℃，保温 2h（每增大 25mm 壁厚，增长保温 30min）。铸件出炉在空气中冷却至 535℃（铸件表面变黑）。

回火：把铸件放入事先预热到 535℃的炉中保温 1h，缓慢降温（＜57℃/h）至 93℃，再升温（＜83℃/h）至 430～450℃，保温 6h，之后炉内冷却至 90℃以下取出铸件。

该铸铁实测铸态时布氏硬度（HB）为 450，显微组织为碳化物＋索氏体，经退火后为 HB350，正火后为 HB 713，显微组织为碳化物＋马氏体。

第六节　其他类型铸铁材料

铸铁的类型很多，应用范围也不尽相同，这里只介绍笔者参与开发过的部分类型铸铁的工艺特点。主要包括耐碱铸铁材料、农具用铸铁和铁素体球墨铸铁。

一、用于制碱工业的耐碱铸铁材料

我国自 20 世纪 50 年代以来用于生产制碱设备的叶轮、泵体和管道的材料多数工厂采用普通灰铸铁。主要是由于当时镍的资源缺乏，而灰铸铁的耐碱蚀性能又比普通铸钢好。但使用寿命一般在 20 余天，即使少数工厂使用了不锈钢，其使用寿命也不过几个月。由于腐蚀严重，维修更换频繁。耐苛性碱腐蚀的金属材料曾是各国关注的课题。迄今国内外已有的耐碱蚀的各种金属材料多数都是以高镍（Ni＞17%～30%）为主要元素，并含有 2%铬的钢和铸铁，普通灰铸铁在我国也基本上完全退出了制碱工业。

总而言之，用于耐碱蚀的金属材料趋向于采用高镍中铬铸铁。以经济和使用寿命考虑是较划算的。对比几种材料在同一介质和条件下的腐蚀数据如表 3-8 所示。

表 3-8　不同材料在同一介质和条件下的腐蚀数据

材料	苛性碱的浓度	温度	时间	试片转速	腐蚀速率/[mg/(cm·h)]	制碱法
Ni 20%灰铸铁				150r/min	0.169	
Ni 20%球墨铸铁				150r/min	0.168	
Ni20%灰铸铁	50%NaOH	150℃	72h	5m/min	0.171	苛化法碱
Ni30%灰铸铁					0.081	
1Cr₁₈Ni₉Ti					3.11	
0Cr₁₈Ni₁₂Ti					2.95	
普通灰铸铁					3.62	

耐碱铸铁的显微组织必须是奥氏体基体 A 型石墨或球状石墨，允许少许碳化物颗粒。其化学成分力学性能大致可控制在如下范围：C 2.5%～2.8%，Si 2.4%～2.6%，Mn 1.0%～2.0%，Ni 18%～24%，Cr 2.0%～2.4%，S、P 均应≤0.1%。适于用感应炉或电弧炉熔化。铁水处理工艺，须根据铸件受力情况采用球化或不球化处理。通常含 Ni 20%+Cr 20%的灰铸铁和球墨铸铁的力学性能大体如下：

灰铸铁：硬度 140～200MPa，延伸率 3%～4%，布氏硬度 110～120。

球铁：拉伸强度 350～450MPa，延伸率 15%～20%，布氏硬度 130～160。

总而言之，用于耐碱蚀的金属材料趋向于采用高镍中铬铸铁。从经济和使用寿命角度考虑是较划算的。

二、自磨锐犁生产和沥土犁铧铸铁的生产工艺

众所周知犁铲和犁铧是在农田耕翻土垠时必需的工具。中国农业耕耘耗量巨大。此两种农机配件的工作效速和使用寿命与其本身的材质性能和制造技术有直接关系。自磨锐铸铁犁铲作为插入农田土垠的刀具，经过一段使用时间之后。由于磨损而刃部变钝，刃部变钝则入地阻力增大，影响翻地深度。或需加大力度消耗，自磨锐犁铲不仅刃部不会变钝而且越使用刃部越锋利。不仅延长生产的使用寿命，而且提高了翻地质量，但并不增加产品成本。犁铧耕作时经受土壤的摩擦和潮土中酸性或碱性物质的腐蚀。因而要求其应具有耐磨和耐蚀性能，而且越使用越光滑如镜且不黏潮土（也称沥土），因此也称为犁镜。从铸铁材质上保证了

犁铧所需的耐磨性能和耐蚀性，既可沥土又延长了犁铧的使用寿命。其具体生产工艺如下所述。

原料采用铸造生铁（牌号 Q-16 最好）为主要原料。用高碳锰铁（含锰≥50％）和硅铁（硅 75％）调配。必要时掺入废钢以调整碳的含量，铁水熔化后最好化验一次 C、Si、Mn 的含量。其最佳化学成分为：碳 3％，硅 2.5％，锰 1.2％，磷＜0.1％。

生产设备为冲天炉或中频感应炉进行熔化，铁水包要事先烘红热，包底放入稀土镁合金（含镁 7％～9％）小粒（ϕ5～8mm）0.6％（每 100kg 铁水），按铁水包的容量冲入 2/3 量的铁水，其余 1/3 铁水流中带入硅铁 1％（铁水质量比），粒度 3～5mm。用钢棒搅 1min，浇三角试片检查断口（主要看白口深度，以 5mm 白尖为宜），铁水出炉温度 1400℃，不宜太高或太低。造型工艺：潮砂型，下箱在刃口部分放置冷铁，厚度是刃部的 2 倍。上箱不放冷铁；产品外观刃口背部呈灰口、刃口正面呈白口。其他部位均是灰口。铸铁显微组织为珠光体基体的蠕墨铸铁或球墨铸铁。

三、铁素体球墨铸铁

铁素体球墨铸铁除了具有球墨铸铁的优点外，由于其基本为铁素体，因此除了具有一定强度外，还拥有良好的冲击韧性和塑性，而且铁素体含量越高则韧性越好。珠光体数量增加，则冲击值和伸长率下降。珠光体一般应在 10％以下，且为分散存在，这样对韧性影响不大。在适当的孕育工艺条件下，化学成分中提高碳当量将增加铁素体的含量，因而冲击值、伸长率随之上升，但碳当量过高，易引起石墨漂浮。石墨漂浮还和铸件厚度与冷却速率有关。其具体工艺参数如下所述。

生产原料为生铁，成分：C 4％～4.2％，Si 0.8％～1.3％，Mn 0.06％～0.1％，S 0.02％，P 0.06％；铁水成分：C 3.8％，Si 2.9％～3.1％，Mn≤0.15％，S 0.022％，P 0.04％～0.05％，残余 Mg 量 0.03％～0.032％，RE 0.04％～0.045％；基体组织为铁素体≥95％，石墨球铁率≥97％，且石墨球小而多，以利铁素体生成。上述成分时，A_{r_1}≈710～775℃，有利于 C 的扩散，铁素体化。球化剂为 REMgSi 合金；孕育剂为硅铁（Si≥75％），1.4％。

上述成分铸铁性能：δ 为 22％，σ_b 为 510MPa，HB210，铁素体 97％；当加入铜 1.2％时，珠光体占基体 50％，HB 为 230，δ 为 8％，σ_b 为 750MPa。Cu 含量增加，拉伸强度和硬度会提高，塑性会降低，同时珠光体增加，α-Fe 相减少。

若要求达到 α-Fe 占 98%～95%，$\delta \geqslant 18\%$，$\sigma \geqslant 400MPa$，则化学成分和工艺都需相应改变，如成分为：C 3.8%～3.6%，Si 3%，Mn＜0.2%，S≤0.02%，Mg≥0.025%，RE≤0.04%，同时石墨球体积小，数量大，才能保证 α-Fe 基体，此外要求球化良好和强烈孕育，必要时作两次孕育，同时采用高温浇铸，低温开箱，使在 A_{r_1} 附近缓慢降温，型砂不宜水分太多。

四、白心与黑心可锻铸铁

所谓白心、黑心是根据试样或铸件产品的断口色泽而区分命名的。凡断口呈淡灰白色，有如低碳钢的色泽，称为白心。黑心使断口呈黑色，其所以黑，是因为显微组织中诸多团絮状的石墨吸收了日光，完全没有反射，无论白心还是黑心，可锻铸铁其外缘都可以看到一圈白环，这一圈白环在显微镜下是一圈稀疏的珠光体，其内才是铁素体，白心可锻铸铁之所以断口呈低碳钢的色泽，是因为用脱碳，碳被氧化的结果，在铁素体的基体上，残留极少的石墨点，而黑心可锻铸铁则因在热处理过石墨化而非氧化，以致铁素体基体上存有多量大块的石墨，以上表示两类可锻铸铁的宏观断口和显微镜相的差异。

国外文献都认为"白心可锻铸铁是 1720 年法国人 Reaumur 发明的，黑心可锻铸铁是 1831 年美国人 SethBoyden 发明的。但中国的考古学者发现早在战国时期，中国已经有了白心和黑心可锻铸铁。白心可锻铸铁和黑心可锻铸铁的共同点都是铸坯必须完全白口，不允许有一点石墨存在，白心铸坯要求含碳量更低，含硅量也比黑心铸坯更低，尽管如此，二者的铁水流动性仍比铸钢好，故可浇铸成壁厚 5mm 以下的铸件，而铸钢须浇铸成 10mm 以上的铸件，但两者的凝固收缩率都比铸钢大，通常铸钢件的缩尺按 1.5%～1.6%计，后两类铸件毛坯则须按2%作为缩尺率。"

白心可锻铸坯的热处理温度须比黑心的高 50～100℃，并须将铸坯装入退火箱中，用富氧化合物埋封起来，以使碳化铁分解后迅速被氧化，而不集聚成石墨团，因此，白心铸坯的热处理高温阶段也较长，通常 60～100h，黑心铸坯的高温退火阶段较短（通常 30h 左右），而且温度不超过 950℃，否则，石墨形状松散不成团状，而损其力学性能，但黑心铸坯须经中等温度（720～650℃），数十个小时进行第二阶段退火，使铸坯中的珠光体完全石墨化，才能得到所要求的显微组织，黑心铸铁的铸坯在退火过程不必装箱密封，可裸列放置炉中即可，两类可锻铸铁在退火过程之后，都须从 650℃出炉在空气中冷却，以免发生退火脆性。

白心可锻铸铁的化学成分一般无铬、钨、钒、钛、钼元素，否则很难退火得到完全铁素体基体组织，影响铸件韧性。其热处理时，须将白口铸铁装入焖火罐中，每个铸坯埋在氧化性填料之中，填料为氧化铁（FeO）、赤铁矿粉粒（Fe_2O_3），掺入 10％的硅砂（起隔断作用，防止黏成团）混均匀，填满适度捣紧。罐口加盖，用黏土黄泥抹缝密封，叠置于炉底上，炉口密封，炉前使用热电偶测温。

目前我国主要生产黑心可锻铸铁，而黑心可锻铸铁又可分为铁素体可锻铸铁和珠光体可锻铸铁，牌号分别用 KT 和 KTZ 表示，后面加上两组数字分别表示最低拉伸强度和伸长率，如 KT300-6 和 KTZ600-3 等。可锻铸铁可用于形状复杂、承受冲击和振动载荷的零件，如汽车、拖拉机的后桥外壳，管接头等。值得注意的是该材质虽然叫做可锻铸铁，其实一般是不可以进行锻造加工的。

五、无限冷硬铸铁轧辊

无限冷硬铸铁轧辊材质介于冷硬铸铁和灰口铸铁之间。与冷硬铸铁相比，其铁水中硅含量较高（含 0.7％～1.6％Si），因此无限冷硬铸铁轧辊辊身工作层基体组织内除含有与白口铸铁中相近似数量的碳化物和莱氏体外，还存在均匀分布的石墨。无限冷硬铸铁轧辊中还常常加入不同含量的 Cr、Ni、Mo 等合金元素，随着 Cr、Ni、Mo 含量的增加，其硬化层深度大大增加。无限冷硬铸铁轧辊辊身基体组织中含有较多的碳化物，具有较好的耐磨性；此外，在基体组织中均匀分布的少量细小石墨，起到了松弛机械应力的作用，有利于减轻辊身表层的剥落缺陷；同时，石墨本身具有良好的导热性能，在轧钢过程中，轧辊表面受热冲击时，石墨起缓冲热应力的作用，有利于防止热裂纹的产生。

无限冷硬铸铁由于其硬度高、硬度落差小及良好的抗热裂性，加之其热处理工艺简单，在轧辊制造中得到广泛的应用。世界各国热连轧机精轧后段成品机架上普遍使用无限冷硬铸铁轧辊，甚至精轧前段仍然一直使用无限冷硬铸铁轧辊。影响无限冷硬铸铁轧辊性能的因素主要有硬度、化学成分和组织。

化学成分：C 3％～3.3％，Si 0.3％～0.7％，Mn 0.6％～1.0％，Cr 1.5％～2.5％，Mo 0.4％～0.6％，Ti 0.2％～0.3％。熔炼时炉前冲入稀土硅铁合金（RE 30％，ϕ5mm）0.2％，硅铁（Si 75％，ϕ5mm）0.2％，出铁温度为1350℃，冲入后，静置 5～8min，扒渣。浇铸温度 1270～1280℃。下辊铁型覆砂，15～25mm 厚，辊身用铁型喷涂料 0.5～1.0mm，铁型预热到 100℃左右，采用上注法浇铸。辊在型内自然冷却 24h 以后，开箱，立即送入热处理炉内。热

处理时分别在 760℃保温 10h 后，在 640℃保温 8h 后空冷。经车削加工后不可有气孔、砂眼、灰渣。轴面测硬度（肖氏）在 60 左右，白口深度在 25mm 左右，金相组织为细珠光体和形态较好的碳化物。此类轧辊的缺点是容易在辊颈和辊身交界处开裂，均占总废品率的 50％，白口过大或过小报废率占 70％，使用过程表面常剥落，偶有断裂发生。其优点是生产成本较低，可用化铁炉熔化。

六、锰钨铜奥氏体白口铸铁

所谓白口铸铁即其断面为灰白色，主要是因为铸铁中的碳是以渗碳体而不是石墨形态存在，因此没有可锻、球墨或蠕墨铸铁的韧塑性，但具有高硬度，可作为耐磨材料如磨片、导板等应用。由于其性脆，不能承受冷热加工，只能直接用于铸造状态。

通过向白口铸铁中添加不同合金元素，可以进一步提高其力学性能。以锰钨铜奥氏体白口铸铁为例，通过形成碳化物来进一步提高耐磨性能。

化学成分为：Mn 8％～9％，W 1％～1.4％，Cu 1％～1.3％，Ti 0.2％～0.3％，C 2.4％～2.8％，S≤0.1％，P≤0.1％。其铸态显微组织为 80％左右奥氏体基体（少许马氏体和屈氏体）和 25％左右的条状碳化物。

潮砂型铸造不需要热处理。铸态硬度为 HB320～360，使用工作条件适合于静态强烈摩擦磨损（热轧盘圆钢条的导板等）。通过某厂实验应用结果：比常用的淬火模具钢导板延长使用寿命一倍多，减少了更换导板的次数。

第四章

有色金属合金及其熔炼

第一节　铜及铜合金

一、纯铜

纯铜呈紫红色，俗称紫铜，常用电解法生产成板状，用反射炉炼铜铸成铜锭（棒），则俗称红铜，二者的区别在于纯度。电解铜的纯度可达 99.95％以上。电解铜的主要用途之一是轧制线材或带材用于导电工程，纯铜用于导电工程时，严格限制铋和铅作为杂质的含量，用于电线时，常加入少许的镉（Cd），以增大线的强度（导电性略降低）。各种杂质元素对纯铜导电性能的影响如图 4-1 所示。

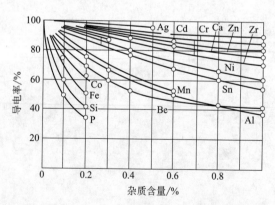

图 4-1　各种杂质元素对纯铜导电性能的影响

由于铋（Bi）和铅（Pb）在铜中都可发生共晶反应，存在于铜的晶粒边界上，在压力加工时产生热脆性，故电解铜中，对 Bi 和 Pb 作为杂质而严格限制，纯铜的性能如表 4-1 所示。

表 4-1　纯铜的基本性能

性能	拉伸强度/MPa	硬度	熔点/℃	密度/(g/cm³)	热导率/[W/(m·K)]
纯铜	200～240 软态 350～400 硬态	35～45 软态 110～130 硬态	1083	8.94	399

注：表中数值有软化退火前（硬态）/退火后（软态）之分。

二、黄铜

　　黄铜是指铜锌合金，通常含锌小于 45％，其二元合金相图如图 4-2 所示，在温室下可能有 α、β、γ、δ、ε、η 六个相出现，但当含锌＜45％时，只有 α 和 β 相出现，而且有使用价值；其他相性能不可用。铜和锌都是面心立方（FCC）的晶型，锌可溶入铜的晶体格子或叫原子点阵的间隙中，在 463℃ 以上时，其溶解度随温度的升高而减小（不是增多），原因是铜和锌的原子尺寸差较小，可形成连续固溶体和其他相，如电子化合物等。由相图可知，当锌小于 39％ 时，则常温时，由 α 相单一的显微组织存在，α 相为面心立方晶体，有较好的韧塑性。当含锌量达到并超过 45％ 时，则出现 β 相，β 相的结晶是体心立方晶型，β 相是无序的固溶体，β 相在 463℃ 或 470℃（虚线表示不确切）转变成 β'，此 β' 是有序的固溶体。所谓无序固溶体是指锌在铜原子点阵中位置不固定。而有序则是位置固定。实际上从电子浓度或价电子角度考虑 β' 应叫做电子化合物。由 β-β' 的转变，经 X 光衍射或电阻测量可以表现出来，即衍射谱线增高和电阻突然增大。

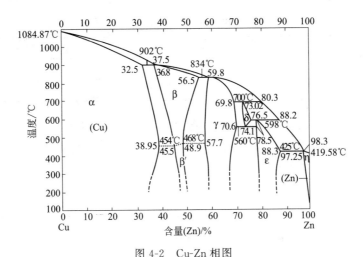

图 4-2　Cu-Zn 相图

　　γ 相，由 Cu₅Zn₈ 形成的化合物，对称性很差，因而表现出硬脆的性质，和 δ相、ε 相和 η 相一样，一般都无工程应用价值。所以，工业黄铜多限定含锌在

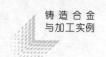
40％以下。

黄铜的品种很多，如常见红黄铜、弹簧黄铜、弹壳黄铜、装饰黄铜、锌黄铜、海军黄铜等，可用于油泵、水泵的泵体和阀门，蒸汽零件，轴承座，浴室，厨房零件，建筑，弹簧，弹壳，无缝管，电器零件等场合。常用的分类方法是将黄铜分成普通黄铜和特殊黄铜。

特殊黄铜常加入的元素有铝、铁、锰、硅、镍、镉、铅、锡、镁等。在实际生产中，采用加入的合金元素可转化为锌当量来操作，一般每种元素1％相当锌的百分数如表4-2所示。

表4-2　特殊黄铜中每1％的合金元素对应的锌的百分数

合金元素	铝	镁	锰	铁	锡	铅	镍	钙
锌当量/％	6.0	2.0	0.5	0.9	2.0	1.0	1.3	0.5

加入铝可提高合金强度，通过形成致密氧化膜而提高耐蚀性，同时可减少锌的蒸发，但会造成合金铸造性能变差。加入铁，一般小于2.5％，否则浇铸困难，因铁熔点高，降低铜水的流动性，当加入铁大于1％，则得不到纯α相。但铁却可增加合金的强度，并且细化铜的晶粒，因为铁在铜中的溶解度随温度下降而降低，铁粒子沉淀出来成为α相的晶核，如铁过多则独立于α之外存在。加入锰，影响与加入铁相似，溶入铜点阵中增大强度和硬度，而降低韧性。通常锰也应小于2％。例如：H60黄铜中加入锰的性能如表4-3所示。

表4-3　H60黄铜中添加锰元素性能变化

锰/％	σ_b/MPa	δ/％
0	368	38.5
1.2	440	28.5

黄铜中加入锡元素时，可增大耐腐蚀性，特别是有提高抗海水腐蚀的能力，故锡黄铜有"海军黄铜"之称。当锡＞2％时，则有γ相析出。锡在铜中的溶解度受到锌的排斥，故有个限度。经大量统计得出经验公式(4-1)：

$$S_{Sn} = 15 - 0.414 S_{Zn} \tag{4-1}$$

式中，S_{Sn}为锡的溶解度；S_{Zn}为锌的百分含量。据此公式可知当合金中含锌1％时，锡的最大溶解度为11％，当含锌2％时，锡最大溶解度为6.75％。镍的加入可提高合金的装饰性，当加入镍20％，则呈现出银色光泽。

黄铜在使用过程中可能会出现季裂（season cracking）问题，所谓季裂是指黄铜在夏季储存长时间之后，可能出现晶间裂纹，实际上是晶界上发生应力腐蚀，引起黄铜发生季裂的因素如下。

（1）化学成分　含锌20％以上的黄铜容易发生季裂，可能与锌中的杂质有关，造成电位差的缘故。

（2）晶粒度　粗晶粒的易生季裂，细晶粒的不易生季裂，一般认为晶界多而弯曲，可避免季裂。

（3）残余应力　轧制量大的残余应力也大，但比仅在表层加工的好些，加工不透，反而因各处变形程度不同形成更大的内应力。

（4）环境因素　潮湿的环境空气中的氨气可溶于铜的表层而发生溶蚀引发季裂。

防止季裂的办法：由于锌的含量与铜的强度成正比，不宜改变，因此很难改变化学成分去防止季裂，常用的办法是采用消除内应力的退火处理来降低季裂的发生。常用黄铜的退火温度见表4-4。

表4-4　常用黄铜的退火温度

Cu/Zn（质量比）	组织（相）	退火温度/℃
70/30	α固溶体	265
63/37	α固溶体	250
60/40	α＋β固溶体	200
100/0	Cu100％	150

人们发现黄铜在使用过程中还存在脱锌腐蚀现象，所谓的脱锌腐蚀是指黄铜中的合金元素在腐蚀介质中不是按它们在合金中的比例溶解，而是电位较低、相对较有活性的锌元素因电化学作用而被选择性溶解的腐蚀现象。对于铜管脱锌腐蚀机理的解释目前尚无定论，一种理论认为脱锌是合金中的锌发生选择性优先溶解，即锌优先溶解历程；另一种理论认为合金中的铜和锌同时发生氧化溶解，而铜又可以从水中析出沉积在腐蚀部位，形成一层紫铜层，即所谓溶解—再沉积历程。对于凝汽器黄铜管易于发生层状脱锌时，腐蚀后的铜管管壁厚度没有变化或只有很小的减薄，但铜管的机械强度却明显降低。层状脱锌腐蚀多发生在硬度和pH值较低而含盐量较大（尤其是氯化物含量较高）的水中，如咸水和海水。Mn、Sn、Al、Ni和Fe的特殊黄铜因具有一定的抗脱锌腐蚀能力，因此可以作为船舶结构件使用，如螺旋桨等。

除锡黄铜和铝黄铜外，一般不适用锅炉给水系统。在无氧化环境中，许多酸对黄铜的腐蚀不严重，根据浓度和通风条件的不同，腐蚀速率为0.5～2mm/a。黄铜有良好的耐有机酸及其盐类腐蚀的性能。镀锡黄铜可用于食品工业，但含铅黄铜不能使用。由于高锌黄铜有应力腐蚀倾向,当铸件存在较大应力时,如浇铸后快冷、焊后冷却或冷加工硬化等,应进行退火或作其他消除应力(振动时效)处理。

三、青铜

青铜是人类金属冶铸史上最早的合金材料,原是指铜锡合金。后来人们将除紫铜、黄铜、白铜以外的铜合金均称青铜。为加以区分,通常在青铜名字前冠以第一主要添加元素的名。如除锡青铜外,还有铝青铜、铍青铜和磷青铜等。

铜锡体系中含有多种相,如 α、β、γ、ε 和 η 等,具体相图如图 4-3 所示,当含锡<10%时,生成 α 固溶体,面心立方结晶 (FCC)。而且液相线与固相线的间隔较大,凝固时容易发生成分偏析。β 相,体心立方结晶,在 570℃有共析转变,由 β 转变成 α+γ。γ 相,在 500℃也发生共析转变,由 γ 转变成 α+δ。ε 相,δ 相性硬而脆。可以通常采取锡 5%以下得到 α 固溶体,当锡大于 6%时,特别是激冷时,铜-锡图线向左移,而生成 α+δ 组织,δ 增加了脆性和硬度。

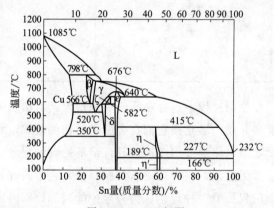

图 4-3 Cu-Sn 相图

铝青铜是铜与铝的合金,其特点是 β 相在 565℃时发生共析转变成 α+γ₂,铸造青铝铜≤10%,铸态为 α+β 组织,就是发生所说的共析转变。退火不能消除其树枝状的 α 结晶和针状的 γ₂ 相。只有淬火后至 350～600℃回火才能使 γ₂ 转化成小颗粒状,从而使合金韧性提高。如控制铝在 5%～7%(锻铝青铜的成分),则凝固后可得 α 固溶体组织,韧性良好。铝青铜的特点是高强度,耐腐蚀,可用热处理调节力学性能。

其他的锡磷青铜(锡 10%,磷 1%),铸态为 α+δ 组织,用作轴及耐磨件;铍青铜的弹性极限高,导电性好,适于制造精密弹簧和电接触元件,铍青铜还用来制造煤矿、油库等使用的无火花工具。

四、白铜

白铜通常是指在铜中加入合金元素镍，通常呈银白色，故名白铜。由于铜镍之间彼此可无限固溶，因此工业白铜的组织均为单相固溶体，当镍熔入红铜（紫铜）中的含量超过 16％以上时，产生的合金色泽就变得洁白如银，镍含量越高，颜色越白。此外加入镍后能显著提高强度、耐蚀性、硬度、电阻和热电性，并降低电阻率（见表 4-5）。因此白铜较其他铜合金的力学性能、物理性能及延展性显著提高。同时白铜硬度高、色泽美观、耐腐蚀、可进行深冲加工，被广泛用于造船、石油化工、电器、仪表、医疗器械、日用品、工艺品等领域。加入锰后形成的锰白铜可作为热电偶合金材料。由于白铜的主要添加元素镍属于稀缺的战略物资，价格比较昂贵。

表 4-5　铸造白铜的物理性质

合金牌号	固相线温度 /℃	液相线温度 /℃	密度 /(g/cm³)	比热容 /[J/(kg·K)]	热导率 /[W/(m·K)]	电阻率 /Ω·m	线膨胀系数 /10⁻⁶K⁻¹
ZCuNi10Fe1	1149	1099	8.94	376	50	0.157	17.1

普通白铜仅含铜与镍，其牌号通常为 B（即白）＋Ni 的质量分数，如 B5、B19、B30 等，当普通白铜加入合金元素可制备出特殊白铜，如锌、锰、铁、铝等元素分别叫做锌白铜、锰白铜、铁白铜和铝白铜，编号方法为 B＋其他元素符号＋Ni 的名义质量分数＋其他元素的名义质量分数。其具体牌号及应用见表 4-6。此外黄铜（铜锌合金）中加入镍后产生的合金色泽就变得洁白如银，可作为仿银合金，应用在货币或首饰领域。

表 4-6　特殊白铜的牌号及应用

种类	常用牌号	特点
铁白铜	BFe-1.5（Fe）-0.5（Mn）、BFe10-1（Fe）-1（Mn）、BFe30-1(Fe)-1(Mn)	强度高,抗腐蚀特别是抗流动海水腐蚀的能力可明显提高
锰白铜	BMn3-12、BMn4.0-1.5、BMn43-0.5	锰白铜具有低的电阻率,可在较宽的温度范围内使用,耐腐蚀性好,还具有良好的加工性
锌白铜	BZn18-18、BZn18-26、BZn15-12（Zn）-1.8(Pb)、BZn15-24(Zn)-1.5(Pb)	锌白铜具有优良的综合力学性能,耐腐蚀性优异,冷热加工成型性好,易切削,可制成线材、棒材和板材,用于制造仪器、仪表、医疗器械、日用品和通信等领域的精密零件
铝白铜	BAl13-3、BAl16-1.5	用于造船、电力、化工等工业部门中各种高强耐蚀件

五、 铜-锰基阻尼合金

阻尼合金是指在一定的条件下，通过吸收能量使其具有可以减震、降噪等阻尼效应的金属材料。在工程上应用较多的金属材料有钢铁、铝和铜。铜-锰基阻尼合金属于孪晶型阻尼合金。阻尼机理是：合金在高温缓冷过程中因尼尔转变和马氏体相变而产生大量（可移动）的显微孪晶，在外力作用下，由于显微孪晶晶界的移动和磁矩的偏转使应力松弛。锰-铜阻尼合金可以起到减震、降噪和提高疲劳寿命的作用，在制作防震和消声设备方面具有重要作用。主要用于防震设备的紧固件、泵体、机座、减速器上的齿轮如潜艇用螺旋桨。不同国家的铜-锰阻尼合金牌号及化学成分见表4-7。

表 4-7　铜-锰阻尼合金的牌号及化学成分　单位：％（质量分数）

合金牌号	国别	主要元素								杂质限量 ≤	
		Mn	Al	Fe	Ni	Zn	Cr	Mo	Cu	C	Si
2310	中国	49.0~53.0	3.5~4.5	2.5~3.5	1.5~3.0	1.0~3.5	0.3~0.9	—	余量	0.10	0.2
MC-77	中国	48.0~57	4.0~4.8	3.5~5.0	1.0~2.0				余量	0.10	0.2
Sonoston	英国	47.0~60.0	2.5~6.0	0~5.0	0.5~3.5				余量	0.10	0.2
Аврора	俄罗斯	50.0~53.0	1.5~2.3	2.0~3.0	1.5~2.5	2.0~4.0		0.2~0.7	余量	0.10	0.2

铜-锰基阻尼合金的主要抗腐蚀性能比一般铜合金差，在海水中有脱化学成分腐蚀和应力腐蚀现象。因此，在海水中使用时，应附加涂层或作阴极保护。其物理性能见表4-8。

表 4-8　铜-锰阻尼合金的部分物理性能

合金牌号	固相线温度 /℃	液相线温度 /℃	密度 /(g/cm³)	电极电位 /V	线膨胀系数 /×10⁻⁶K⁻¹
2310	960	1070	7.2	−0.5	19.24
MC-77	940	1060	7.1	−0.6	15.00
Sonoston	940	1080	7.1	−0.7	16.50
Аврора	900	1000	7.4		20.90

锰铜阻尼合金在铸造过程中，合金元素锰易氧化生成 MnO_2，MnO_2 的熔点高（1785℃）、密度大（5.18g/cm³），容易使合金液受到污染。另外，锰的蒸气压很高，污染环境，增大烧损量，因此合金宜在熔剂保护下进行熔炼，推荐用冰晶石溶剂作覆盖剂。合金的凝固区间较宽，易形成缩松和热裂，浇铸时应适当提

高浇铸温度，采用保温冒口或发热冒口。合金的线收缩率为 $2.75\% \sim 3.2\%$，有较高的流动性，浇铸温度为 $1200 \sim 1220℃$。

铜-锰阻尼合金属于难焊接的金属材料，要选择合适的焊料和进行焊后热处理。英国 Sonoston 合金采用的焊丝成分为：$W_{Al} = 7.5\%$，$W_{Mn} = 12\%$，$W_{Fe} = 3\%$ 和 $W_{Ni} = 2\%$（即 ZCuAl8Mn12Fe3Ni2 合金）；俄罗斯 Аврора 合金采用的焊丝：МцАЖ20-20-1-1；我国 2310 合金采用焊丝成分为：$W_{Mn} = 20\% \sim 40\%$，$W_{Al} = 1.0\% \sim 5.0\%$，$W_{Fe} = 0.5\% \sim 4.0\%$，$W_{Ni} = 0.5\% \sim 4.0\%$，余量为 Cu。该合金可采用惰性气体保护焊和焊条电弧焊。焊条电弧焊建议采用下面成分的药皮（质量分数）：冰晶石 67%，氯化钠 20%，氟石 10% 和木炭粉 3%。焊接的预热温度为 $100 \sim 300℃$。

合金的机械加工性能与不锈钢大体相同。由于合金的刚性较低，对于薄壁件，如车床卡盘夹得过紧或吃刀量过大，都会使工件变形，影响尺寸精度。合金加工应使用硬质合金刀具，其镗孔成本比其他铜合金高 15%，铲削和抛光工时为其他铜合金成本的 $1.5 \sim 2$ 倍。

合金经过焊接或加工变形后，阻尼性能大幅度下降，薄壁铸件和金属型铸件的阻尼性能也很低，为了恢复和获得阻尼性能，应进行恢复处理，即将铸件重新加热至 $850℃$，然后缓冷（约 $100℃/h$）至室温。

第二节 铜合金的熔炼及原理和工艺

一、铜合金的熔炼及原理

影响铜及铜合金铸件质量的因素不外乎化学成分、气体夹杂物和晶粒度等，至于显微组织，既取决于化学成分，又可在热处理时进行调整，对铸件来说，多数不需要热处理，因此如何控制气体、夹杂物和铸态晶粒度对合金的性能起着至关重要的作用。

铜液中的气体常有 H_2、O_2、N_2、CO_2、SO_2、C_nH_m 等，其中 N_2、CO_2 和 C_nH_m 属于中性气体，和铜液中金属元素很少发生反应，危害较少。关键是 H_2 和 O_2。H_2 在铜液凝固时析出而形成气孔，O_2 在铜中的溶解度甚小，常形成金属氧化物小粒子，难于上浮，既影响铜液流动性又常成夹杂物损害铜的质量。H_2 和 O_2 的来源主要是炉料和大气中的水汽。H_2 的另一来源是炉料带有油污，分解成 C 和 H_2。反应式如式(4-2)、式(4-3) 所示：

$$Me(金属元素)+H_2O \stackrel{}{=\!=\!=} MeO(金属氧化物)+H_2\uparrow \qquad (4\text{-}2)$$

$$C+H_2O \stackrel{}{=\!=\!=} CO\uparrow+H_2\uparrow \qquad (4\text{-}3)$$

因此铜及铜合金的熔炼首先是防氢和脱氢，然后是脱氧，去夹杂物，最后是控制和细化晶粒度，防止铸件缺镉，这几方面任何之一做得不好，都影响铸件质量。

1. 防氢

防氢进入铜液中，首先采用干燥、无油污、无锈的金属炉料，浇冒口回炉料应少于50%（防渣也防气）。选用熔化炉，以反应炉熔炼的铜液含气最少，其次是燃气炉，反射炉，采取氧化气氛熔炼十分重要。炉内气氛对铜液吸氢有直接的影响，不宜用还原性气氛，因为铜液中的 H_2 和 O_2 有平衡分压的关系：炉气中 O_2 的分压大，则 H_2 的分压 P_H 小，当氢的分压降低，则氢在铜液中的溶解度（H 的数值）减小。可见，氧化气氛的炉气可防止或可减少气入侵铜液。为了达到以上目的，当铜料熔化后，升温过程中，覆盖一层氧化性的熔剂（覆盖剂），以防止铜液从大气中吸氢。常用的覆盖剂如：CaO 50%＋KNO_3 50%，或 CaO 50%＋NaB_4O_7 50%或 CaO 50%＋$NaCl$ 25%＋$Na_2B_4O_7$ 25%，或碎玻璃＋硼砂（3：1）或玻璃＋长石，当采用石墨坩埚炉，燃烧焦炭或燃油时，加大鼓风量也有利于造成氧化气氛的炉。

2. 脱氢

如前所述，脱氢需要铜水中有充足的氧逐出 H_2，从而减少 H_2 的溶解量。或其他惰性气体造成铜水沸腾带走 H_2，抽真空也可除 H_2，但相对复杂。对于黄铜因铜液有较高的锌的蒸气压，有去 H_2 的作用，故可不另脱氢。脱氢操作主要用于青铜，对青铜的脱氢方法分两类：物理法和化学法。物理法是用钟罩压入 $MnCl_2$，其沸点是 1190℃，故需在铜液温度达到 1250℃时加入炉中。价格较便宜的脱氢剂是 MnO，或 MnO＋玻璃＋硼砂（34：33：33），或单独用锰矿石（MnO），或铜锈（CuO）＋硼砂（$Na_2B_4O_7$）1：1。钟罩压入深度应在铜液深度的 1/2 以上，压后用铜棒搅拌（最好用石墨棒），静置 5min，使夹杂物上浮，而后扒渣浇铸。也可采用物理加化学联合脱氢法，其具体工艺为用氮气吹送粉状的六氯乙烷或其他粉状氧化物。吹氧脱氢也较方便，吹氧温度 1150～1200℃，消耗量 0.25～0.5m³/t 铜水，当氧气压力为 19～29 大气压时，吹氧 5～10min。

3. 脱氧

脱氢之后，铜液中有相当多的氧可用强氧化剂脱之，很多金属是脱氧的，如可用 Al、B、Mg、Ca、Zn、Si、Mn 等，但生成的金属氧化物不易上浮而造成铜液夹杂物或影响化学成分，故除非很必要时或不限制某种杂质元素时，很少用金属脱氧。一般采用磷铜合金较普遍，因反应快而且生成气态 P_2O_5 自动溢出。用磷铜＋少许强的金属脱氧剂，则可防止金属夹杂物上浮难的问题。

除用磷铜脱氧之外，也可用锰-铜合金。适用于铝青铜，加入量为铜水的 $0.5\%\sim1.0\%$，也用 NaCl，加入量为铜水 $0.5\%\sim1.0\%$，或硼砂（适于黄铜），加入量为铜水 $0.05\%\sim0.1\%$。

4. 变质

所谓变质处理，也可叫孕育处理，是铜液精炼的最后一道重要工序。通过变质处理可改善结晶状态，去除微小夹杂物，提高力学性能。处理时可把变质剂（或叫精炼剂）烘干后，撒入铜包底上，用铜水冲熔后搅拌之即可。

可酌情选用以下变质剂。

（1）冰晶石（Na_3AlF_6）＋工业氯化钠（NaCl）＝4∶6 或 5∶5，以铜水的质量的 1% 计算加入量。

（2）冰晶石 20%＋萤石（CaF_2）20%＋氟化钠（NaF）60%，总计 1% 铜水重。

（3）冰晶石 25%＋工业盐 10%＋KCl 35%＋硼砂 28%＋木炭 2%，以铜水的 1% 计加入量。

（4）1号稀土合金（含铈、镧等 $30\%\sim33\%$，硅 30% 左右，铁 40% 左右），加入量为铜水的 0.4%，可细化晶粒，增加强度。

从成本比较，矿产冰晶石系列较便宜，化工产品则贵，从增加强度、硬度，防止枝晶间分散疏松考虑，稀土更有效。

二、纯铜的冶炼工艺

从矿石中提炼金属铜称为粗铜。地球上能提炼出金属铜的矿石品种不下 250 种，其中最主要的是黄铜矿、斑铜矿、辉铜矿，这三类都是硫化铜矿（CuS）。另外一类是氧化铜矿和极少的自然铜矿。硫化铜矿和氧化铜矿含金属铜仅有 $0.4\%\sim2.0\%$，必须经过粉碎和选矿工序，使铜富集达到 $20\%\sim30\%$，成为粒度 $\leqslant0.074\text{mm}$ 的精矿粉，该精矿粉中，通常含有 Cu $20\%\sim30\%$，S $25\%\sim35\%$，Fe $20\%\sim30\%$，SiO_2 $5\%\sim15\%$，$CaO\leqslant5\%$，精矿粉中含铜达到 $20\%\sim30\%$，才能用火法熔炼成为粗铜，也就是说，不能从原矿石中直接提炼出金属铜。

少量生产可用焦炭为燃料的坩埚炉，较大量生产的可用反射炉或自焙电极炉，后两者均是长方形熔池，熔炼温度均需≥1200℃，熔池中的化学反应如式(4-4)、式(4-5)所示。将熔融的铜水浇成铜锭（粗铜），若需增纯，可经电解，形成电解铜。

$$Cu_2S + O_2 \Longrightarrow 2Cu + SO_2 \uparrow \tag{4-4}$$

$$Cu_2S + 2Cu_2O \Longrightarrow 6Cu + SO_2 \uparrow \tag{4-5}$$

高纯铜因为不含其他合金元素，在熔炼过程中直接受大气中氧、氢、水汽等的侵入机会多，不像黄铜有锌的蒸发作屏障，不像青铜，与氧亲和力较强的铝、锰、铬、铁等元素首先生成氧化夹杂而可控制进入渣中，而纯铜液在熔炼过程中吸氧、吸氢的机会和程度均大于其他铜合金，以致产生合格的高纯铜铸件被公认为是很难的。难题中的关键在于脱氧，所以历来生产者在熔炼高纯铜时都离不了木炭。

纯铜冶炼所采用的原材料包括：粗铜、木炭、覆盖剂和精炼剂等。其中粗铜的含量＞99.9%，块度150mm×150mm×25mm，干净、干燥、无油垢、无泥沙、无锈蚀。入炉时预热到300℃左右。冶炼所采用的木炭一般经高温干馏（800℃左右）2~4h，去除有机物和水分，粒度＜20mm。冶炼铜时一般要加入回炉料，包括铜的废件、浇冒口等，由于它的夹杂物含气量高于电解铜，因此回炉料用量少于每次熔化量30%，入炉时须预热到300℃，随纯铜陆续多批少量加入。

冶铜采用的覆盖剂包括几种配方，其一为碎玻璃＋硼砂＋苏打＝6：2：2（质量比），将硼砂、苏打分别在500℃下烘烤1.0~1.5h，使失去结晶水；将碎玻璃（1.0~5.0mm）50℃烘烤1.5h；当三者冷却到室温以上混合均匀，封严，置干燥处待用。其采用石灰石（CaCO$_3$）＋玻璃（配比为1：9），石灰石烘至300℃左右1~1.5h后与碎玻璃混合待用。

精炼剂可采用六氯乙烷（用量0.4%~0.6%）或采用自制精炼剂，其成分为：NaCl：NaF（氟化钠）：KCl（氯化钾）：C$_2$Cl$_6$（六氯乙烷）＝2.5：1.5：3：3（质量比），在120℃烘干2h，混合后待用。

冶铜采用的脱氧材料：可采用磷铜（磷含量8%~14%）、镁锭（镁含量99.5%，破成小块，注意包严，勿氧化）、锌锭（锌含量为99.6%）或者无铁铈镧混合稀土。

熔炼炉一般为感应电炉，采用石墨坩埚与石墨钟罩，在熔炼时基本原则是：严密覆盖，快速熔炼。在坩埚底部先加木炭及覆盖剂，用量约为该炉铜溶液的1.2%~1.6%，在熔化的铜液上面有厚度50~80mm的覆盖层，以后随着熔化进行和覆盖剂的消耗，随时补加木炭与覆盖剂，保持覆盖厚度。

待坩埚预热到 400～600℃时，加入纯铜与炉料，这些炉料均应预热 300℃后入炉，炉料开始熔后，则应加大送电功率和电流，在短时间内使铜液升温到 1180～1200℃。

纯铜在作为导电材料使用时，其纯度对其电导率影响十分明显，因此须对粗铜进行进一步精炼，包括脱氢、脱氧等工艺步骤。脱氢除了降低铜中的氢含量外兼有去除夹杂物的效果。一般采用干燥的惰性气体（如氩气、氮气等）通过石墨管插入铜液中下部，压力 0.15～0.2MPa，使铜液翻腾约 2min。如无专用设备，首先四元精炼剂（NaCl 50％＋NaF 30％＋KCl 10％＋冰晶石 10％）总重按铜液的 1.0％～2.0％进行烘干。将烘干的精炼剂置于烘干的石墨钟罩内，压入钢液的下部，摇动后抽出。

如上所述，脱氧一般采用磷铜合金较普遍，加入的纯磷值为 0.03％～0.05％，按磷铜成分折合磷铜量，再用纯镁块，用量为 0.03％～0.05％（占铜液总重）。磷铜和镁块均经预热约 60℃，每次脱氢、脱氧应间隔 5min 左右，使气体、夹渣上浮排出。

经过上述操作，一般能实现脱氢、脱氧和除夹杂的目的，如果经检验仍未脱净（检测方法列于后）可进行第三次脱氧，用金属脱氧。锌的用量为铜液的 0.1％～0.2％，用钟罩压入铜液深处，锌锭块预热 60℃以上。如第三次脱氧，经炉前检验合格，可浇铸铸件，若仍不合格，则浇锭，备作回炉料，或改成分浇其他铜合金铸件。

三、炉前检验方法

炉前检验可通过简单快速的方法对材料质量进行分析，虽不够精确，但及时地对产品进行处理，因此在工业实际生产中被广泛地应用。这里介绍两种常见的检验方法：刮皮检验和试棒断口法。

刮皮检验是指将精炼后的铜液取出，快速倒入试样型中（如图 4-4 所示），用木板刮去试样的氧化皮看表面情况：若试样表面平整或稍有下凹，中间部位有轻微撕裂，表面呈灰黑色且不规则皱纹，说明除气良好，铜液合格，可以浇铸；若试样表面凸起，或中间有爆花状撕裂，说明金属液内气体未除净，应迅速加适量纯镁排气，待合格后浇铸。

试棒断口法是将精炼后的铜液浇铸成楔形试棒砂型（如图 4-5 所示），待试样冷凝变暗黑色时，淬火急冷，打断。观察断口，若断口平整，呈砖红色，组织细密，视为良好。若断口组织粗、色泽灰暗，说明铜液过热且含氧多，仍须脱氧，降温浇铸。

若第三次锌脱氧后，炉前检验基本合格，但不理想，可以考虑采用具有综合功能的铈镧混合稀土，可吸附残余氢，不使氢游离出形成针孔；进一步脱氧；细化铸件晶粒，有利于减少铸件热节疏松，提高铸件力学性能。用钟罩压入铜液中，用量为 0.3% 左右，粒度 3mm 左右。以此作为综合挽救技术措施。

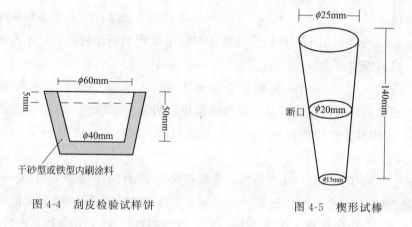

图 4-4　刮皮检验试样饼　　　　图 4-5　楔形试棒

浇铸时，浇包预热＞600℃，铜水出炉温度 1220℃ 左右，若用大包浇铸，出炉时，覆盖剂与铜液一起注入浇包，注满后再撒一层覆盖剂，静置 3～5min。浇铸温度 1150～1180℃。按铸件情况，酌情用低温、大流、快速浇铸的原则，也是体现 H_2 和 O_2 在铜液中的平衡关系，以防止浇铸过程反氢或反氧。浇铸后，及时捣破冒口顶盖，补充高温铜液，旋压贯注，有利于防止铸件节处缩松，亦很重要。

第三节　各类铸造铜合金熔炼工艺

一、黄铜类铸铜

黄铜类铸铜合金牌号如：ZCuZn33Pb2（含 Cu 63%～67%，Zn 33%，Pb 1%～3%）、ZCuZn40Pb2（含 Cu 58%～63%，Pb 0.5%～2.5%，Zn 38%～40%）和 ZCuZn16Si4（含 Cu 79%～81%，Si 2.5%～4.5%，Zn 15%～19%）等。其具体化学成分如表 4-9 所示。

表 4-9　铸造黄铜的主要化学成分

序号	合金序号	主要化学成分/%						
		Cu	Pb	Al	Fe	Mn	Si	Zn
1	ZCuZn16Si4	79.0~81.0	—	—	—	—	2.5~4.5	余
2	ZCuZn24Al5Fe2Mn2	67.0~81.0	—	4.5~6.0	2.0~3.0	2.0~3.0	—	余
3	ZCuZn25Al6Fe3Mn3	60.0~66.0	—	4.5~7.0	2.0~4.0	1.5~4.0	—	余
4	ZCuZn26Al4Fe3Mn3	60.0~66.0	—	2.5~5.0	1.5~4.0	1.5~4.0	—	余
5	ZCuZn31Al2	66.0~68.0	—	2.0~3.0	—	—	—	余
6	ZCuZn33Pb2	63.0~67.0	1.0~3.0	—	—	—	—	余
7	ZCuZn35Al2Mn2Fe1	57.0~65.0	—	0.5~2.5	0.5~2.0	0.1~3.0	—	余
8	ZCuZn38	60.0~63.0	—	—	—	—	—	余
9	ZCuZn38Mn2Pb2	57.0~60.0	1.5~2.5	—	—	1.5~2.5	—	余
10	ZCuZn40Pb2	58.0~63.0	0.5~2.5	—	—	—	—	余
11	ZCuZn40Mn2	57.0~60.0	—	—	—	1.0~2.0	—	余
12	ZCu40Mn3Fe1	53.0~58.0	—	—	0.5~1.5	3.0~4.0	—	余

黄铜类铸铜的力学性能与其铸造工艺密切相关，详见表 4-10，其中铸造方法中，S 为砂型浇铸，J 为金属型浇铸造，Li 为离心浇铸，La 为连续浇铸，Y 表示压铸。

表 4-10　黄铜类铸铜的牌号与其力学性能

合金牌号	铸造方法	拉伸强度 σ_b/MPa	屈服强度 $\sigma_{0.2}$/MPa	断后伸长率 δ/%	硬度 HBS
ZCuZn35Al2Mn2Fe1	S	450	170	20	100
	J	475	200	18	110
	Li、La	475	200	18	110
ZCuZn38	S	295	—	30	60
	J	295	—	30	70
ZCuZn38Mn2Pb2	S	245	—	10	70
	J	345	—	18	70

合金牌号	铸造方法	拉伸强度 σ_b/MPa	屈服强度 $\sigma_{0.2}/MPa$	断后伸长率 $\delta/\%$	硬度 HBS
ZCuZn40Pb2	S	220	—	15	70
	J	280	120	20	90
ZCuZn40Mn2	S	345	—	20	80
	J	390	—	25	90
ZCuZn40Mn3Fe1	S	440	—	18	100
	J	490	—	15	110
ZCuZn16Si4	S	390～540	220	20～50	102～122
ZCuZn24Al5Fe2Mn2	S	635～735	—	15～30	178～215
ZCuZn25Al6Fe3Mn3	S	758～860	450～520	10～18	217～255
	Li	740～930	400～500	13～21	217～260
ZCuZn26Al4Fe3Mn3	S	655	330	20	180
ZCuZn33Pb2	S	190～220	70～110	12～30	50～66
YZCuZn16Si4	Y	345	—	25	87
YZCu40Pb2	Y	300	—	6	87
YZCuZn30Al3	Y	400	—	15	112
YZCuZn35Al2Mn2Fe1	Y	475	—	3	132

黄铜中都含有的合金元素是锌,锌的熔点419℃,汽化温度911℃,远低于黄铜的熔炼温度(1150～1200℃),因而锌易蒸发逸出,有助于驱逐氢气和氧气,故对薄小铸件,可以不另加其他精炼剂,只需在铜液表层加上一定厚度的覆盖剂(如:碎玻璃和硼砂各50%,总重占铜料重的3%左右),以防止吸入大气中的水汽和其他气体,最后可用或不用磷铜脱氧(P 0.04%～0.06%)。对于单件质量为数十千克或数百千克的厚大的黄铜铸件(壁厚>50～200mm),最好还应使用精炼剂(如:NaCl 40%+KCl 30%+NaF 10%),以利于排气和促使杂物上浮入渣,更需用磷铜脱氧。又因为厚大的黄铜铸件容易形成粗大的晶粒和分散的疏松小孔,所以可采用如下措施。

首先铸件应采用铁型,内部刷涂料。炉内压入或大浇包内冲入铈镧稀土合金(0.2%～0.3%)。也可冲入稀土硅铁合金(含稀土30%左右)。冲入量为每包或每炉铜液质量的0.1%(不可多)。据作者的经验,可达到细化晶粒的效果。稀土硅铁合金中含稀土30%～40%,当含金总量0.1%时,带入 Fe 0.03%～0.04%,远低于杂质的限量(0.5%)。稀土元素和高熔点的 Fe 原子皆能使大铜件晶粒细化和组织致密,也略提高铜合金的强度、硬度(有利于铜套的耐磨性)。

对于厚大的铸件宜采用低温浇铸，也有利于防止粗晶和分散疏松。黄铜类铸铜的工艺参数对其力学性能的影响见表 4-11 与表 4-12。

表 4-11　浇铸温度对 ZCuZn33Pb2、ZCuZn35Al2Mn2Fe1 力学性能的影响

合金牌号	浇铸温度/℃	拉伸强度 σ_b/MPa	屈服强度 $\sigma_{0.2}$/MPa	断后伸长率 δ_s/%	硬度 HBS
ZCuZn33Pb2	960	252	83	29	63
	1000	226	75	28	60
	1040	142	93	24	65
ZCuZn35Al2Mn2Fe1	970	525	260	26	115
	1020	540	272	29	116
	1070	530	266	28	114

表 4-12　壁厚对铸造黄铜力学性能的影响

合金牌号	壁厚/mm	拉伸强度 σ_b/MPa	断后伸长率 δ_s/%	硬度 HBS
ZCuZn16Si4	5	392	19	90
	10	362	20	87
	20	314	10	87
	50	275	18	83
ZCuZn24Al5Fe2Mn2	40	686	25	—
	60	677	19	—
	80	657	16	—
	100	686	17	—
ZCuZn25Al6Fe3Mn3	5	686	7	160
	10	637	7	160
	20	588	6	155
	50	568	7	153
ZCuZn40Pb2	10	305	23	61
	20	309	29	62
	30	314	30	63
	40	309	30	64
ZCuZn40Mn3Fe1	5	588	10	120
	10	490	13	120
	20	490	10	120
	50	470	10	110

二、青铜类铸铜

青铜类铸造铜合金因含有不同的合金元素，须采用不同的铸造工艺，其力学性能有明显的差异。此外不同青铜类铸铜的熔炼工艺也有较大的差异，下面选取三种具有代表性的铸造青铜合金的铸造工艺进行讨论，其室温力学性能如表4-13所示。

表 4-13　部分青铜类铸造铜合金的室温力学性能

合金牌号	铸造方法	抗拉强度 σ_b/MPa	屈服强度 $\sigma_{0.2}$/MPa	断后伸长率 δ_s/%	硬度 HBS
ZCuSn10P1	S	220	130	3	80
	J	310	170	2	90
	Li	330	170	4	90
	La	360	170	6	90
ZCuSn6Zn6Pb3	S	180	—	8	60
	J	200	—	10	65
ZCuAl9Fe4Ni4Mn2	S	640	250	15	160
	J	650	250	13	160
	Li	670	250	13	140

1. 铝铁镍锰青铜（ZCuAl9Fe4Ni4Mn2）

要求成分范围：Al 9.5%～11%，Fe 3.5%～5.5%，Ni 3.5%～5.5%，Mn 0.8%～2.5%，余为 Cu，对低熔点的杂质元素限量严格，Pb＜0.02%，Sb＜0.05%，As＜0.05%。铝铁类青铜，因含铝最高，易氧化成 Al_2O_3 小粒子夹杂物，且不易上浮，故熔炼宜采用弱氧化性气氛。又因含 Fe、Ni、Mn 高，需要在1250℃下高温熔炼。扒渣后，用复合盐（NaCl＋KCl＋NaF＝4∶5∶1，总重量占铜液的 2%～3%）撒于液面上，以石墨棒搅拌后静置 20min 使渣和 Al_2O_3 夹杂物上浮，再加热升温到 1250℃，再扒渣。用石墨钟罩压入六氯乙烷（C_2Cl_6）0.4%～0.6%，进一步脱气，最后清渣。清渣前，有必要补加铝锭 3%～5%，补铝后搅拌均匀，然后浇铸。

2. 锡锌铅青铜（ZCuSn6Zn6Pb3）

要求成分范围：Sn 5%～7%，Zn 5%～7%，Pb 2%～4%，余为 Cu，对杂质元素 Al、Si、P，限量＜0.05%，限 Fe 0.4%。锡锌铅青铜（ZCuSn5Zn5Pb5，SnZnPb 各 4%～6%）。因锡易氧化生成 SnO_2，需在炉料全熔后立即加上覆盖剂

（碎玻璃和苏打各 50％），覆盖厚度 20mm 左右，升温至 1150℃，可用 $ZnCl_2$ 0.3％压入铜液内脱气，也可用氮气精炼，但需事先净化氮气中的 O_2 和 H_2O，较麻烦，非必要时，不用氮气。

3. 锡磷青铜（ZCuSn10P1）

要求成分范围：Sn 9％～11.5％，P 0.5％～1.0％，余为 Cu，限 Al＜0.01％。因磷易氧化，宜用中性气氛，与锡锌铅青铜相似，为防止铜液中生成 SnO_2 硬粒子，影响铜合金的性能，故需用覆盖剂（外购，或自配碎玻璃＋硼砂）覆盖铜液表面，1150℃时，可用复合盐或六氯乙烷除气和净化铜液中的固态夹杂物。

三、白铜类铸铜

具有代表性的牌号如 ZCuNi30Cr2Fe1Mn1、ZCuNi20Sn4Zn5Pb4 和 ZCu-Ni30Nb1Fe1。其具体成分见表 4-14。由于白铜中含很高的镍，需在高温熔炼（1250℃），又易生成 NiO、FeO、Cr_2O_3 和 MnO 夹杂物，而 C 和 P 对白铜都是限量很严的杂质元素，一般限量分别小于 0.02％和 0.005％，故熔炼时不可用木炭作覆盖剂，但可用磷铜脱氧，最好用锰铜合金脱氧，可用磷铜脱氧的原因是多余的磷可与铜液中的铁生成 Fe_3P 小粒子，对白铜起到细化晶粒的作用。应选用复合盐精炼，如：NaCl 35％＋CaF 15％＋冰晶石（Na_3AlF_6）50％，或以 NaF 代冰晶石，因冰晶石（Na_3AlF_6）于 1010℃分解成 3NaF 和 AlF 逸出。不宜用六氯乙烷，可以用 $ZnCl_2$ 0.3％精炼，但 Zn 蒸气在空气中氧化成 ZnO，吸入人体内可引起中毒昏迷，使用时应注意。为了细化晶粒和脱氧、脱硫，可在浇铸之前加入稀土元素（铈 0.05％左右）。

对以上各种铜合金的熔炼时，原料必须干净，有油污的车屑必须烧净。通常对回炉料控制在 50％以下，除特殊情况下，不采用 100％碎屑重熔。

四、铜合金的堆焊技术

所谓堆焊是指用电焊或气焊法把金属熔化，堆在工具或机器零件上的焊接法。通常用来修复磨损和崩裂部分。铜合金常用这焊接技术。其常采用的焊丝如牌号 HS222，其焊丝成分包括：锡（Sn）0.3％；铁（Fe）0.35％～1.2％；硅（Si）0.05％～0.15％；锰（Mn）0.03％～0.09％；铜（Cu）57％～59％；锌 Zn 余量。该焊丝有良好的黏着性，耐磨和耐蚀性，因 Fe 高，因而不适合修补之用。专用于铜轴承和其他耐蚀表面的堆焊用。

铜基合金焊接的工艺参数：焊条直径用 3.2mm，纯铜焊接电流为 120～

表4-14 铸造白铜的化学成分

合金牌号	主要元素 /%								杂质限量(≤)/%					
	Ni	Fe	Sn	Al	Nb	Zn	Pb	Cu	Mn	Si	Pb	C	P	其他
ZCuNi10Fe1	9.0~11.0	1.0~1.8	—	—	—	—	—	余量	1.5	0.3	0.1	0.1	—	0.5
ZCuNi5Al11Fe1	13.5~16.5	0.4~1.0	—	1.07~11.5	Co 1.0~2.0	—	—	余量	—	0.02	0.02	—	Sn 0.05	0.5
ZCuNi20Sn4Zn5Pb4	19.5~21.5	—	3.5~4.5	—	—	3.0~9.0	3.0~5.0	63.0~67.0	1.0	Fe 1.5	—	—	—	0.5
ZCuNi25Sn5Zn2Pb2	24.0~27.0	—	4.5~5.5	—	—	1.0~4.0	1.0~2.5	64.0~67.0	1.0	Sb 0.2	Al 0.05	—	0.05	0.5
ZCuNi22Zn13Pb6Sn4Fe1	20.0~24.0	0.4~1.0	2.0~4.0	—	—	11.0~15.0	4.0~7.0	余量	—	—	0.003	0.02	0.005	0.05
ZCuNi30Nb1Fe1	28.0~32.0	0.2~1.5	—	—	0.5~1.5	—	—	65.0~69.0	1.5	0.5	0.003	0.15	0.005	0.5
ZCuNi30Be1.2	29.0~33.0	0.7~1.0	—	0.1~2.0	0.1~2.0	—	—	余量	0.7	0.15	0.1	—	—	0.5
ZCuNi30Cr2Fe1Mn1	29.0~32.0	0.5~1.0	—	Si 0.2~0.4	Ti 0.1~0.4	0.05~0.15	—	余量	—	—	0.003	0.02	0.005	0.05

76

140A、白铜90～100A、锡青铜110～130A、硅青铜90～130A。纯铜熔化极惰性气体保护堆焊的工艺参数：焊丝1.2mm（最粗为1.6mm）；焊接电压30～40V；焊接电流200～300A；保护气体Ar（氩）；氩气流量14.2L/min。

黄铜堆焊时，为减少锌的蒸发，宜采用热源温度较低的氧气＋乙炔火焰堆焊，挖去夹杂等缺陷，露出新表面，无缺陷时，堆焊前应用布擦净表面（水分、杂物），去掉氧化层，预热到100℃以上。各种青铜可用惰性气体保护堆焊时，焊丝直径1.6mm；电流280A，焊接电压25～28V；氩气流量14L/min。纯铜堆焊时，宜用丝极或带极埋弧堆焊，或熔化极惰性气体保护焊，以及钨极氩弧填丝堆焊。必要时可预热到400℃。白铜堆焊时，如果该合金中含铁＞5％，则易裂，因此，常在该合金表面先堆焊一层纯Ni，或蒙乃尔（镍基合金）为过渡层，然后再用带极埋弧堆焊工艺。异种铜合金堆焊常用的焊条牌号如T237和T227等。

第四节　铝和铝合金的强化处理

一、纯铝

铝元素在地壳中的含量仅次于氧和硅，居第三位，是地壳中含量最丰富的金属元素。纯铝的密度为2700g/cm³，约为铁密度的35％。纯铝的强度虽然不高，但通过冷加工可使其提高一倍以上。而且可通过添加镁、锌、铜等合金元素强化。铝可以铸造，也可塑性加工，制成薄板、管材和细丝，还可以进行车、铣、镗、刨等机械加工。此外铝及铝合金的耐腐蚀性很强，其表面易生成一层致密、牢固的 Al_2O_3 保护膜，有很好的耐大气腐蚀和水腐蚀的能力，同时能抵抗多数酸和有机物的腐蚀。铝的导电、导热性能仅次于银、铜和金。铝呈银白色，表面反射性能力强，对白光的反射率达80％以上，因此可作为装饰材料应用。铝及其合金的这些优异特点使其在航空、建筑、汽车等工业中的应用极为广泛。

铝虽然储量很高，但由于其化学性质活泼，用传统方法很难冶炼，因此早期的铝制品十分昂贵，只有皇家贵族用得起。后来随着电力的广泛的应用，1886年法国的Heroult和美国的C. M. Hall研究出将氧化铝溶解在冰晶石（Na_3AlF_6）中电解的方法，这才使铝得以大规模生产，目前铝及铝合金成为仅次于钢铁的第二重要金属，遍布军事、航空、工业及民用等各个领域。

铝熔点658℃，纯铝中的主要杂质是Fe和Si，按其纯度可分为三类，见表4-15。纯铝的强度较低，一般不直接作为结构材料应用，其中3～4N的高纯铝可用于电解电容器的铝箔、照明灯的反光镜、超导体稳定化材料、整流器线材等。而 5N 以上的超高纯铝则主要用于阴极溅镀靶、集成电路配线及光电子存储媒体。

表 4-15　纯铝的分类及应用

种　类	纯　度	应　用
高纯铝	99.93％～99.99％	科学研究及制备电容器
工业高纯铝	98.85％～99.9％	铝箔,包铝及冶炼铝合金的原料
工业纯铝	98.0％～99.0％	电线,电缆,器皿及配制合金等

目前,世界上生产高纯铝的国家主要是中国、日本、挪威、俄罗斯等国家,所采用的提纯工艺主要有三层法与偏析法等。

二、 铝合金

由于纯铝较软,须向铝中添加合金元素来提高材料的强度。通过冷变形加工硬化、固溶处理、时效及细化组织的方法来满足高强度大载荷零件的需求。铝合金一般分为形变铝合金和铸造铝合金两类,其中形变铝合金的主要成分是 Al＋Cu（Fe、Si、Mg、Mn）,可分为防锈铝合金、硬铝合金、超硬铝合金和锻造铝合金。铸铝合金基本上是 Al-Cu、Al-Si、Al-Mg,三种铸铝合金都有共晶反应,故都有较好的流动性。可以用固溶淬火＋时效来增加强度,但并不明显。

铝硅合金作为一种重要的铝合金,可用于制造低中强度的形状复杂的铸件,如盖板、电机壳、托架等,部分铝硅合金成分如表 4-16 所示。

表 4-16　Al-Si 合金的化学成分　　　　单位：％

合金牌号	合金代号	主要元素					
		Si	Cu	Mg	Mn	Ti	其他
ZAlSi7Mg	ZL101	6.5～7.5	—	0.25～0.45	—	—	—
YAlSi12	ZL102	10.0～13.0	—	—	—	—	—
YZAlSi12	YL102	10.0～13.0	—	—	—	—	—
ZAlSi9Mg	Zl104	8.0～10.5	—	0.17～0.35	0.2～0.5	—	—
YZAlSi10Mg	YL104	8.0～10.5	—	0.17～0.30	0.2～0.5	—	—
ZAlSi5Cu1Mg	ZL105	4.5～5.5	1.0～1.5	0.4～0.6	—	—	—

续表

合金牌号	合金代号	主要元素					
		Si	Cu	Mg	Mn	Ti	其他
ZAlSi8Cu1Mg	ZL106	7.5～8.5	1.0～1.5	0.3～0.5	0.3～0.5	0.10～0.25	—
ZAlSi7Cu4	ZL107	6.5～7.5	3.5～4.5	—	—	—	—
ZAlSi12Cu1Mg1	ZL108	11.0～13.0	1.0～2.0	0.4～1.0	0.3～0.9	—	—
YZAlSi12Cu2	YL108	11.0～13.0	1.0～2.0	0.4～1.0	0.3～0.9	—	—
ZAlSi12Cu1Mg1Ni1	ZL109	11.0～13.0	0.5～1.5	0.8～1.3	—	—	Ni 0.8～1.5
ZAlSi5Cu6Mg	ZL110	4.0～6.0	5.0～8.0	0.2～0.5	—	—	—
ZAlSi9Cu2Mg	ZL111	8.0～10.0	1.3～1.8	0.4～0.6	0.10～0.35	0.10～0.35	—
YZAlSi9Cu4	YL112	7.5～9.5	3.0～4.0	—	—	—	—
YZAlSi11Cu3	YL113	9.6～12.0	1.5～3.5	—	—	—	—
ZAlSi5Zn1Mg	ZL115	4.8～6.5	—	0.4～0.65	—	Zn 1.2～1.8	Sb 0.1～0.25
ZAlSi8MgBe	ZL116	6.5～8.5	—	0.35～0.55	—	0.10～0.30	Be 0.15～0.40
ZAlSi20Cu2RE1	ZL117	19～22	1.0～2.0	0.4～0.8	0.3～0.5	—	RE 0.5～1.5

硅含量较低时（比如 0.7%），铝硅合金的延展性较好，常用来做变形合金；硅含量较高时（比如 7%），铝硅合金熔体的填充性较好，常用来做铸造合金。在含硅量超过 Al-Si 共晶点（硅 12.6%）的铝硅合金中，硅的颗粒含量高达 14.5%～25% 时，再加入一定量的 Ni、Cu、Mg 等元素能改善其综合力学性能。它们可用于汽车发动机中代替铸铁气缸而明显减轻重量。用作气缸的铝硅合金，可经过电化学处理以浸蚀表层铝而在缸内壁保留镶嵌于基体的初生硅质点，其抗擦伤能力和抗磨损性得以明显改善。其中含硅量 11%～13% 的合金以其质轻、低膨胀系数和高耐蚀性能等特点而成为最佳的活塞材料之一。

铝硅合金可用含钠的变质剂处理细小晶粒来提高强度，同时可采用热处理强化，具有自然时效能力，强度较高，塑性较好。合金的铸造性能优良，流动性好、线收缩小，热裂倾向低、气密性高，合金的耐蚀性高，焊接性好。其力学性能如表 4-17 所示。

表 4-17　Al-Si 合金不同铸造及热处理工艺下的力学性能

合金牌号	合金代号	铸造方法①	热处理状态	抗拉强度 σ_b/MPa	断后伸长率 δ_s/%	硬度 HBS
				≥		
ZAlSi7Mg	ZL101	S、R、J、K	F	155	2	50
		J、JB	T5	205	2	60
ZAlSi9Mg	ZL104	S、R、J、K	F	145	2	60
		J、JB	T6	235	2	70
ZAlSi5Cu1Mg	ZL105	S、R、J、K	T1	155	0.5	65
		S、R、K	T5	195	1	70
ZAlSi5Cu1MgA	ZL105A	SB、R、K	T5	275	1	80
		JB	T1	195	1.5	70
		J	T7	245	2	60
ZAlSi7Cu4	ZL107	SB	F	165	2	65
		J	T6	275	2.5	100
ZAlSi12Cu1Mg1	ZL108	J	T1	195	—	85
		J	T6	255	—	90
ZAlSi12Cu1Mg1Ni1	ZL109	J	T1	195	0.5	90
		J	T6	245	—	100
		J、JB	T6	315	2	100
ZAlSi7Mg1A	ZL114A	SB	T5	290	2	85
		J、JB	T5	310	3	90

①S 为砂型，J 为金属型，K 为壳型，B 为变质处理，R 为熔模。

　　铝铜合金也称硬铝合金，是一种重要的铝合金材料，它包括 Al-Cu-Mg 合金、Al-Cu-Mg-Fe-Ni 合金和 Al-Cu-Mn 合金等，具体化学成分如表 4-18 所示，铝铜合金可进行热处理时效强化，具有很高的室温强度及良好的高温和超低温性能，因此铝铜合金是工业中应用广泛的金属结构材料之一。其力学性能如表4-19所示。

表 4-18　常见铸造 Al-Cu 合金的化学成分　单位:%（质量分数）

合金牌号	合金代号	Cu	Mg	Mn	Ti	其他元素
ZAlCu5Mn	ZL201	4.5～5.3	—	0.6～1.0	0.15～0.35	
ZAlCu5MnA	ZL201A	4.8～5.3	—	0.6～1.0	0.15～0.35	
ZAlCu10	ZL202	9.0～11.0	—	—	—	

续表

合金牌号	合金代号	Cu	Mg	Mn	Ti	其他元素
ZAlCu4	ZL203	4.0~5.0	—	—	—	
ZAlCu5MnCdA	ZL204A	4.6~5.3	—	0.6~0.9	0.15~0.35	Cd 0.15~0.25
ZAlCu5MnCdVA	ZL205A	4.6~5.3	—	0.3~0.5	0.15~0.35	Cd 0.15~0.25,V 0.05~0.3,Zr 0.05~0.2,B 0.005~0.06
ZAlCu8RE2Mn1	ZL206	7.6~8.4	—	0.7~1.1	—	RE 1.5~2.3,Zr 0.10~0.25
ZAlRE5Cu3Si2	ZL207	3.0~4.0	0.15~0.25	0.9~1.2	—	Ni 0.2~0.3,Zr 0.15~0.25,Si 1.6~2.0,RE 4.4~5.0
ZAlCu5Ni2CoZr	ZL208	4.5~5.5	—	0.2~0.3	0.15~0.25	Ni 1.3~1.8,Zr 0.1~0.3,Co 0.1~0.4,Sb 0.1~0.4
ZAlCu5MnCdVRE	ZL209	4.6~5.3	—	0.3~0.5	0.15~0.35	Cd 0.15~0.25,V 0.05~0.3,Zr 0.05~0.2,B 0.005~0.06,RE 0.15
AlCu4AgMgMn	201	4.0~5.2	0.15~0.55	0.20~0.50	0.15~0.35	Ag 0.40~1.0
AlCu4AgMgMn	A201.0	4.0~5.0	0.15~0.35	0.20~0.40	0.15~0.35	Ag 0.40~1.0
AlCu4MgTi	206	4.2~5.0	0.15~0.35	0.20~0.50	0.15~0.35	—

部分铝铜合金的焊接性能不良,焊接接头强度系数仅为母材的60%,而且耐蚀性不如大多数其他铝合金好,在一定条件下会产生晶间腐蚀。铝合金的热处理对于提高其强度有重要作用,以4%Cu的铸造铝合金为例,该合金用途广泛,可采用固溶体处理(淬火)＋时效处理,以得到较高的强度。温度要适当,淬火温度过低固溶的元素少,则时效作用不大,过高则晶界熔化损坏了组织性能。加入Zn是为形成$Al_2Mg_3Zn_3$,易溶解于Al中,增大时效作用。加入少许Ni可以提高200~300℃时的强度。当然,不是所有成分的铝合金都可以通过热处理进行强化的,如图4-6所示,只有成分在F点到D点的铝合金才可以热处理强化。该成分区域的铝合金一般采用的热处理工艺为淬火后时效处理。所谓时效处理(aging treatment)是把材料有意识地在室温或较高温度存放较长时间,使之产生性能变化的工艺过程。时效处理常见于金属材料的加工过程,不同领域时效处理的目的也不同,如在机械生产中,为了稳定铸件尺寸,常将铸件在室温下长期放置,然后才进行切削加工。这里所指的时效处理是指金属热处理工艺,合金工

件经固溶处理后，在较高的温度或室温放置，其性能随时间而变化的热处理工艺。

表 4-19　Al-Cu 合金力学性能

合金牌号	合金代号	拉伸强度 σ_b/MPa	伸长率 δ/%	硬度 HBS
ZAlCu5Mn	ZL201	295	8	70
		335	4	90
		315	2	80
ZAlCu5MnA	ZL201A	390	8	100
ZAlCu10	ZL202	104	—	50
		163	—	100
ZAlCu4	ZL203	195	6	60
		205	6	60
		215	3	70
		225	3	70
ZAlCu5MnCdA	ZL204A	440	4	100
ZAlCu5MnCdVA	ZL205A	440	7	100
		470	3	120
		460	2	110
ZAlRE5Cu3Si2	ZL207	165	—	75
		175	—	75

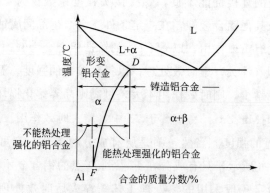

图 4-6　不同成分的铝合金的分类及强化方法

时效处理虽然在铁碳合金也会出现，但在以铝合金为代表的有色合金中，时效作用更为显著。德国材料科学家 A. 维尔姆也是在研究铝合金时最早发现时效作用的。一般来讲，合金经过时效处理后，硬度和强度有所增加，塑性、韧性和内应力则有所降低。若将工件放置在室温或自然条件下长时间存放而发生的时效现象，称为自然时效处理。若采用将工件加热到较高温度，并较短时间进行时效处理的工艺，称为人工时效处理。人工时效温度高，强化出现早，但不如自然时效强化作用大。

铝铜合金中的 Cu 的百分含量过低，时效强化作用小，含 Fe 达到 1%，则因生成 Cu_2FeAl_3 不溶解的粒子，也减少时效作用，Si 在 Al-Cu 合金中则无明显影响时效。早期的铝铜合金的时效强化理论是认为在铝铜固溶体的滑移面上沉积出 $CuAl_2$ 粒子，阻碍了滑移，实际上显微镜看不见沉淀物，此外因 Al 的原子半径比铜原子半径大，而且二者形成取代式固溶体，当 Cu 原子溶入 Al 的晶格时，Al 的晶格应变小，时效后铝的晶格应变大，实际上取 Al-Cu 合金粉末（时效之后的）经 X 光衍射，Al 的晶格并未变大，只有在较高温度的时效后，才发现 Al 的晶格尺寸增大。

Al＋4%Cu 合金经 500℃ 固溶水淬，然后经 130℃ 时效处理其硬度在 12h 后达到 91，后随时间延长至 40h 后，可达 108。4% 铝铜合金固溶淬火之后，在 20℃ 以上时效时，铜原子向铝晶体的（100）面上聚集，此时显微镜观察不到，硬度也无增加。随时间的延长有沉积的趋向，硬度可有增加，当有 α-$CuAl_2$ 粒子沉积时，硬度大增，此时显微镜观察仍无法明显观察得到。只有当沉淀长大到可用显微镜明显观察到时，此时合金的硬度又略有下降。

铸造铝硅合金常用的牌号包括：ZL101、102、103、104（浇铸温度 720～780℃）。其中以 101 为例，其化学成分为：Si 6.5%～7.5%、Mg 0.25%～0.45%、余为 Al；允许杂质：Fe＜0.2%、Mn＜0.35%、Cu＜0.1%、Zn＜0.3%、Pb＜0.05%、Sn＜0.01%，总和＜1%。其熔炼时所采用的试剂如表 4-20 所示。

表 4-20　铸造铝硅合金熔炼时所采用的试剂

试　　剂	成分及工艺参数
覆盖剂	冰晶石 3%～5%，300℃ 烘干，3～5h 也可以用 $BaCl_2$ 60%＋KCl 40%
熔炼剂(脱气去渣)	六氯乙烷 0.4%～0.6%，钟罩压入
变质剂(孕育剂)改善结晶	NaF 25%＋NaCl 62%＋KCl 13% 最适于 101 合金。也可用通用变质剂： 1# NaF 60%＋NaCl 25%＋冰晶石 15% 2# NaF 40%＋NaCl 45%＋冰晶石 15% 3# NaF 30%＋NaCl 50%＋冰晶石 10%＋KCl 10%

铝合金的热处理类别：

T1 不热处理   T2 退火处理

  T4 固溶淬火   T6 固溶淬火＋高温时效

  T5 固溶处理＋不完全回火 T7 固溶淬火＋低温回火（稳定化处理）

  T8 固溶处理＋完全回火（软化处理）

  以 ZL101 铸件的具体热处理参数为：T6，535℃，保温 2～6h，淬入热水中（60～100℃）固溶处理，200℃，保温 3～5h，空气冷却时效处理。经处理后得到样品后 σ_b 为 220MPa，δ 为 1%，HB 为 60。

  变质剂是金属在冶炼过程中加入的可以改善合金结晶的添加剂。如向硅铝熔液中加入含钠的变质剂之后，晶粒变细，强度和韧性增加。从表面张力上看，铝的晶粒长得又快又大，硅的晶粒长得又慢又小。晶粒长得快慢由热导率和潜热决定，Al 的热导率和潜热均大于 Si，因此使铝的晶粒长得快而大。当加含钠的变质剂时，使铝液的表面张力加大，因而使铝晶粒和硅晶粒之间的夹角增大，以致最终把硅的晶体包围起来，阻止了硅晶粒的长大。从而改善了合金的组织结构与力学性能。这种理论也可应用于灰铸铁，当加镁处理后，奥氏体晶粒包围了石墨，使石墨呈球形生长。

  除了加含钠的变质剂外，加入钛与硼也可使组织细化，如加入钛后合金的晶粒如表 4-21 所示。

表 4-21 Al-Cu 合金加入钛前后晶粒尺寸变化

样　品	晶粒尺寸/cm
未加钛	0.1～0.9
加入钛 0.04%	0.07
加入钛 0.10%	0.04

  硼也可使铝铜合金晶粒得到细化，使 Al 液由 675℃过热，然后在 760℃浇铸的工艺条件下，加入硼 0.04%后，表层为球状晶粒，通常认为 AlB_2 成为铝的结晶核心，它在冷却过程形成的金属间化合物。但是，不可将铝液过热，当 760℃浇铸时，则硼的细化作用，只限于铸件表层（指加入 B 0.02%时）。此 AlB_2 金属间化合物的原子间距在 760℃以上时为 3.0Å，和铝晶体的原子间距（2.8Å）相似，故 AlB_2 可以成为 Al 的结晶核心。

  向纯铝中加入 Ti（Ti 的来源为 K_2TiF_6）0.08%～0.13%，向铝镁合金加入 Ti 0.11%～0.18%（含镁 1%～10%），向铝铜合金加入硼 0.3%～0.5%（实得 B 为 0.055%～0.17%），含 Cu 4%、8%、10%的合金中，均可使合金的晶粒细化（表 4-22）。

84

表 4-22　不同过热温度下，硼对铝铜合金晶粒的影响

样　　品	过热温度/℃	表面晶粒尺寸/cm
加入硼 0.04	760	1～2
加入硼 0.04	860	0.8
加入硼 0.04	960	0.3～1.0
加入硼 0.01	760	10～15

　　纯铝具有优秀的抗腐蚀性能，但为提高其力学性能而加入合金元素后对合金的抗腐蚀性产生影响。以铝铜合金为例，在大气环境下，大气中含有氧气、湿度、温度变化和污染物等腐蚀成分和腐蚀因素。盐雾腐蚀就是一种常见和最有破坏性的大气腐蚀。盐雾对金属材料表面的腐蚀是由于含有的氯离子穿透金属表面的氧化层和防护层与内部金属发生电化学反应引起的。同时，氯离子含有一定的水合能，易被吸附在金属表面的孔隙、裂缝排挤并取代氯化层中的氧，把不溶性的氧化物变成可溶性的氯化物，使钝化态表面变成活泼表面。盐雾试验是一种主要利用盐雾试验设备所创造的人工模拟盐雾环境条件来考核产品或金属材料耐腐蚀性能的环境试验。它分为两大类，一类为天然环境暴露试验；另一类为人工加速模拟盐雾环境试验。人工模拟盐雾环境试验是利用盐雾试验箱。也可采用盐溶液浸泡后测试强度损失，或者测试断裂时间的方法进行对比，如表 4-23 和表4-24 所示。

表 4-23　Al-Cu 合金的强度损失

合金代号	热处理状态	σ_b损失/%		
		腐蚀时间 90h	腐蚀时间 180h	腐蚀时间 186h
ZL201	T4	9.4	14	—
	T5	15.5	19	
ZL201A	T5	19	15	—
ZL204A	T5	—	—	6.4
ZL205A	T5			5.2
	T6			7.2
	T7			8.3
ZL206	T6			9.2

　　注：ZL201 和 ZL201A 的实验用 NaCl 的质量分数为 3% 的水溶液；ZL204A、ZL205A 及 ZL206 合金用 NaCl 的质量分数为 3% 加 H_2O_2 的质量分数为 0.1% 的水溶液。

表 4-24　Al-Cu 合金的抗应力腐蚀性能

合金代号	热处理状态	$K = \sigma/\sigma_{0.2}$	试验应力 σ/MPa	断裂时间/h
ZL201A	T5	0.7	185	90,145,187
ZL204A	T5	0.7	1255	51,78,50,72,7
ZL205A	T5	0.7	215	4,5,6,45.5,2.5,15.5
	T6	0.625	245	73.5,120,74.5,71.5
	T7	0.625	245	362.5,251.5,242,296,227
ZL205A 喷漆	T5	0.7	215	>720,>720,>720,>720
	T6	0.7	275	>720,>720,>720,>720
	T7	0.7	275	>720,>720,>720,>720

注：ZL201A（T5）合金实验液为 NaCl 的质量分数 3%，其他合金还加入了质量分数为 0.5% 的 H_2O_2。

Al-Mg 合金作为重要的铝合金主要牌号包括 ZL301、ZL303 和 ZL305 等，其化学成分如表 4-25 所示，主要优点是由于 Mg 的加入而具有优良的力学性能、高的强度、好的延性和韧性（如表 4-26 所示），耐腐蚀性能好和切削加工性能好。主要缺点是铸造性能差，特别是熔炼时容易氧化形成氧化夹渣，需要采用特殊的熔炼工艺。

表 4-25　Al-Mg 合金的化学成分　　单位:%（质量分数）

合金牌号	合金代号	主要元素					
		Si	Mg	Zn	Mn	Ti	其他
ZAlMg10	ZL301	—	9.5~11	—	—	—	—
ZAlMg5Si	ZL303	0.8~1.3	4.5~5.5	—	0.1~0.4	—	—
ZAlMg8Zn1	ZL305	—	7.5~9	1.0~1.5	—	0.1~0.2	Be0.03~0.1

表 4-26　Al-Mg 合金的力学性能

合金牌号	合金代号	铸造方法	热处理状态	拉伸强度 σ_b/MPa	断后伸长率 δ/%	硬度 HBS
ZAlMg10	ZL301	S,J,R	T4	280	9	60
ZAlMg5Si	ZL303	S,J,R,K	F	143	1	55
ZAlMg8Zn1	ZL305	S	T4	290	8	90

为了便于工业生产参考，将对不同铸造铝合金的热处理工艺参数列于表 4-27中。

表 4-27　铸造铝合金的热处理工艺参数

合金代号	热处理状态及铸造方法	固溶处理			时效		
		加热温度/℃	保温时间/h	冷却介质及温度/℃	加热温度/℃	保温时间/h	冷却介质
ZL101	T2	—	—	—	300±10	2～4	空气或随冷炉
	T4	535±5	2～6	水 60～100	室温	＞24	—
	T5	535±5	2～6	水 60～100	150±5	3～5	空气
	T6	535±5	2～6	水 60～100	200±5	3～5	空气
	T7	535±5	2～6	水 60～100	225±5	3～5	空气
	T8	535±5	2～6	水 60～100	250±5	3～5	空气
356	T51	—	—	—	227±5	7～9	空气
	T6	538±5	4～12	水 65～100	154±5	2～5	空气
	T7(S R)	538±5	12	水 65～100	204±5	3～5	空气
	T71(S R)	538±5	12	水 65～100	246±5	2～4	空气
	T71(J)	538±5	4～12	水 65～100	227±5	7～9	空气
ZL101A	T4	535±5	6～12	水 65～100	—	—	—
	T5	535±5	6～12	水 65～100	155±5	2～12	空气
	T6	535±5	6～12	水 65～100	180±5	3～8	空气
A356	T6(S R)	538±5	12	水 65～100	154±5	2～5	空气
	T61(S R)	538±5	12	水 65～100	165±5	6～12	空气
	T61(J)	538±5	6～12	水 65～100	154±5	6～12	空气
ZL102	T2	—	—	—	300±10	2～4	空气或随冷炉
ZL103	T1	—	—	—	175±5	3～5	空气
	T2	—	—	—	300±10	2～4	随冷炉
	T5	515±5	3～6	水 60～100	175±5	3～5	空气
	T7	515±5	3～6	水 60～100	230±10	3～5	空气
	T8	515±5	3～6	水 60～100	330±10	3～5	空气
ZL104	T1	—	—	—	175±5	3～17	空气
	T6	535±5	2～6	水 60～100	175±5	8～15	空气
ZL105	T1	—	—	—	180±5	5～10	空气
	T5	525±5	3～5	水 60～100	175±5	3～10	空气
	T7	525±5	3～5	水 60～100	225±5	3～10	空气

合金代号	热处理状态及铸造方法	固溶处理			时效		
		加热温度/℃	保温时间/h	冷却介质及温度/℃	加热温度/℃	保温时间/h	冷却介质
355	T51	—	—	—	227±5	7～9	空气
	T6	527±5	4～12	水 65～100	154±5	2～5	空气
	T62(J)	527±5	4～12	水 65～100	171±5	14～18	空气
	T7	527±5	4～12	水 65～100	227±5	7～9	空气
	T71	527±5	4～12	水 65～100	246±5	3～6	空气
ZL105A	T4	525±5	6～18	水 60～100	—	—	—
	T5	525±5	4～12	水 60～100	160±5	3～5	空气
	T6	525±5	6～18	水 60～100	155±5	10～12	空气
C355	T6(S)	527±5	12	水 65～100	154±5	3～5	空气
	T61	527±5	6～12	水 65～100	154±5	10～12	空气
ZL106	T1	—	—	—	180±5	3～5	空气
	T5	515±5	5～12	水 60～100	150±5	3～5	空气
	T6	515±5	5～12	水 60～100	175±5	3～10	空气
	T7	515±5	5～12	水 60～100	230±5	6～8	空气
ZL107	T6	515±5	8～10	水 60～100	165±5	6～10	空气
ZL108	T1	—	—	—	200±10	10～14	空气
	T6	515±5	3～8	水 60～100	180±5	10～16	空气
	T7	515±5	3～8	水 60～100	205±5	6～10	空气
ZL109	T1	—	—	—	205±5	6～10	空气
	T6	500±5	4～6	水 65～100	184±5	10～14	空气
ZL110	T1	—	—	—	200±10	8～14	空气
ZL111	T6	分段 505±5	4～6	—	—	—	空气
		520±5	6～8	水 60～100	175±5	5～8	空气
ZL111A	T5	535±5	4～6	水 60～100	160±5	4～8	空气
	T6	535±5	6～10	水 60～100	165±5	5～10	空气
A357	T61	538±5	10～12	水 65～100	154±5	8	空气
ZL115	T4	540±5	10～12	水 60～100	室温	≥24	空气
	T5	540±5	10～12	水 60～100	150±5	3～5	空气
ZL116	T4	535±5	8～12	水 60～100	室温	≥24	空气
	T5	535±5	8～12	水 60～100	175±5	4～8	空气

续表

合金代号	热处理状态及铸造方法	固溶处理			时效		
		加热温度/℃	保温时间/h	冷却介质及温度/℃	加热温度/℃	保温时间/h	冷却介质
ZL117	T6	510±5	4～8	水 60～100	180±5	4～8	空气
	T7	510±5	4～8	水 60～100	210±5	3～8	空气
ZL201	T4	分段 530±5	5～9	水 60～100	室温	≥24	—
		540±5	5～9				
	T5	分段 530±5	5～9	水 60～100	175±5	3～5	空气
		540±5	5～9				
ZL201A	T4	分段 530±5	5～9	水 60～100	室温	≥24	—
		542±5	5～9				
	T5	分段 530±5	5～9	水 60～100	175±5	3～5	空气
		542±5	5～9				
ZL201A	T5	分段 535±5	7～9	水 60～100	160±5	6～9	—
		545±5	7～9				
ZL203	T4	515±5	10～16	水 60～100	室温	≥24	—
	T5	515±5	10～15	水 60～100	150±5	2～4	空气
ZL204A	T6	538±5	10～18	水 室温～60	175±5	3～5	空气
ZL205A	T5	538±5	10～18	水 室温～60	154±5	8～10	空气
	T6	538±5	10～18	水 室温～60	175±5	4～6	空气
	T7	538±5	10～18	水 室温～60	190±5	2～4	空气
ZL207	T1	—	—	—	200±5	5～10	空气
ZL208	T5	540±5	4～6	沸水	215±5	15～17	随冷炉至150℃后空冷
201	T7	分段 515±5	2～6	—	—	—	—
		527±5	14～20	水 65～100	188±5	5	空气
206	T4	分段 513±5	2～6	水 65～100	—	—	—
		527±5	12				
	T7	分段 513±5	2～6	水 65～100	199±5	4～8	空气
		527±5	12				
ZL301	T4	430±5	12～20	沸水或油 50～100	室温	≥24	—

合金代号	热处理状态及铸造方法	固溶处理			时 效		
		加热温度/℃	保温时间/h	冷却介质及温度/℃	加热温度/℃	保温时间/h	冷却介质
ZL303	T1	—	—	—	175±5	4～6	空气
	T4	425±5	15～20	沸水或油50～100	室温	≥24	—
ZL305	T4	分段435±5	8～10	—	—	—	—
		490±5	6～8	沸水或油50～100	室温	≥24	空气
ZL401	T1	—	—	—	200±10	5～10	空气
ZL402	T1	—	—	—	180±5	8～10	空气

第五节　镁合金与锌合金

一、镁合金的性质与应用

纯镁的密度 $1.74g/cm^3$，约为纯铝的 2/3，是最轻的金属结构材料，其熔点 650℃与铝的熔点相当（Al 熔点 660℃），沸点 1090℃，与氧的亲和力能力大于铝和铁、铜等金属亲和力，熔炼时容易燃烧。纯镁的结晶属于密排六方结构，塑性变形性能差。镁的化学活性高，在自然界以化合物形式存在于白云石、菱镁石、橄榄石、蛇纹石、地下卤水、盐湖和海水中。

镁可用于生产如钛、锆、铍难熔金属的还原剂。还可与铝、钙、锌等制成合金，特别是加入到金属铝中制备成更轻、强度更高、抗腐蚀能力更好的铝镁合金，目前近半数纯镁产量是用于制备铝镁合金，广泛地用于汽车、航天、仪表行业。在球墨铸铁的生产中，镁可以起到球化剂的作用，使铸件强度、延展性更高。此外还可以在钢铁脱硫中作为脱硫剂制备出优质钢，用镁脱硫不仅改善了钢的可铸性、延展性、焊接性和冲击韧性，而且降低了结构件的质量。镁作为脱硫剂和球化剂这两方面约分别占纯镁产量的 15％和 6％。由于镁在常压下，大约 523K 和 H_2 作用生成 MgH_2，在低压或稍高温度下又能释放出氢，因此可作为储氢材料应用，这对于污染日益严重的今天，更显示其在新能源汽车中的重要作用。此外，镁还可以用于焰火、礼花、军用信号弹、照明弹、燃烧弹等。

作为结构材料，为提高强度等性能，需加入不同的合金元素，所形成的镁合金牌号及力学参数如表 4-28 所示。镁合金的优点体现在其密度低，比强度高，降噪减振好，电磁屏蔽性好，易于回收，打击时不发生火花；不溶于碱性溶液；容易机加工。广泛应用在现代交通工具、航空航天和电子通信等领域，其缺点是易受盐雾腐蚀。

表 4-28　常见镁合金的力学性能

序号	合金牌号	代号	状态	拉伸强度/MPa>	屈服强度/MPa>	延伸率/%>
1	ZMgZn5Zr	ZM1	T1	235	140	5
2	ZMgZn4Re1Zr	ZM2	T1	200	135	2
3	ZMgRE3ZnZr	ZM3	铸态	120	85	1.5
4	ZMgRE3ZnZr	ZM3	T2	120	85	1.5
5	ZMgRE3Zn2Zr1	ZM4	T1	140	95	2
6	ZMgAl8Zn	ZM5	铸态	145	75	2
7	ZMgAl8Zn	ZM5	T4	230	75	2
8	ZMgAl8Zn	ZM5	T6	230	100	2
9	ZMgRE2ZnZr	ZM6	T6	230	135	3
10	ZMgRE2ZnZr	ZM7	T4	265	—	6
11	ZMgRE2ZnZr	ZM7	T6	275	—	4
12	ZMgAl10Zn	ZM10	铸态	145	85	1
13	ZMgAl10Zn	ZM10	T4	230	85	4
14	ZMgAl10Zn	ZM10	T6	230	130	2
15	YZMgAl9Zn	YM5	压铸	200	—	1

镁合金 ZM2 用于飞机发动前整流舱、前支撑壳体、离心机匣；ZM3、ZM4用于高气密性的部件，如发动机的机匣；ZM6 用于发动机压气机、飞机支臂、轮毂、各类附件；ZM5 和 ZM10 的固溶处理须在 SO_2、CO 或 SF_6 的气体保护下进行，淬火只需在流动空气中进行，其力学性能保证能达到国标要求。

二、镁合金的生产与加工工艺

以镁锌锆系合金为例，实测其所含杂质量见表 4-29，镁合金中 Ag、Cu、Ni、Mn、Si 均属于常见的有害杂质，会影响合金性能。

表 4-29　实测部分镁锌锆系合金的化学成分　　　　单位：%

序号	牌号	Zn	RE	Zr	Ag	Cu	Ni	Mn	Si	Mg
1	ZM1	3.5～5.5	0	0.5～1.0	0	0.1	0.01	0.1	0.3	余量
2	ZM2	3.5～5.0	0.7～1.75	0.5～1.0	0	0.1	0.01	0.15	0.2	余量
3	ZM7	7.5～9.0	0	0.5～1.0	0.20	0.1	0.01	0.1	0.1	余量

此外，Fe 不溶于 Mg，游离在 Mg 的晶界上达 $\geqslant 0.016\%$ 时，害处甚大。Ni 和 Cu 在 Mg 中溶解甚少，成为金属间化合物 Mg_3Ni 和 Mg_2Cu，呈网状存在于 Mg 的晶界上。降低 Mg 的耐蚀性，当 Ni 量 $\geqslant 0.01\%$，$Cu \geqslant 0.015\%$ 时，对 Mg 的耐蚀性影响就更为明显。对镁有损害的元素按影响效果不同可分为如下三类。

1 类：Al、Mn、Na、Sr、Zr、Ce、Pr、Y 等元素，当每种元素含量 $<5\%$ 时影响不大；

2 类：Zn、Cd、Ca、Ag 等元素对金属镁有一定影响；

3 类：Ni、Fe、Cr、Co（过渡族元素的主要元素）等元素对金属镁影响十分明显。

镁合金常见的热处理方式包括：完全退火、消除应力退火、固溶＋时效、二次处理、氢化处理。

细化晶粒：用 Si、RE 以强化晶界增加 σ_s。镁合金有明显的非晶形成能力，当液态的冷却速率达 $10^4 \sim 10^6 K/s$ 时，可得到一维尺寸很小的薄带，细丝和三维尺寸很小的微粉。力学性能很优越，如：Mg-Ni-Cu 三元非晶合金其 σ_b 为 1150MPa。非晶态 Mg 合金有良好的储氢性能，如 MgNiCr 合金用于 $523 \sim 673K$ 的工业废气利用（分解氢化物时放热），对无污染能源氢气的开发大有用处。也可以发展超导功能的材料及纳米材料。

显微组织对耐蚀性的影响：当时效温度大于 $473 \sim 523℃$ 时，压铸的 AM60B 和 AZ910D 合金的耐蚀性在 3% NaCl 中显著降低，无论是铸态或固溶处理后，细晶粒的高纯镁合金，越细晶越耐蚀。例如：AZ910E 的铸态，晶粒 $160\mu m$，含 Mn 0.33%、Fe 0.004%，其腐蚀率如下：铸态为 0.35mm/a、T4 为 3.0mm/a、T6 为 0.22mm/a、T5 为 0.12mm/a。脱气细化晶粒之后（晶粒为 $73\mu m$），含 Mn 0.35%、Fe 0.004%、F 0.72% 时，其腐蚀速率：T4 0.82mm/a、T5 0.1mm/a、T6 0.1mm/a。Mg 液经快速凝固使杂质溶于 Mg 的晶粒内，比铸造自然冷却的耐蚀。

目前镁合金的生产方法：重力铸造、低压铸造、压铸、半固态成型、挤压铸造、喷射沉积工艺、Mg 基复合材料、变形工艺（锻、轧制、挤压）、快速凝固技术等。

国内外都从事这方面的研究，已取得的结果是拉伸强度 $>500MPa$，达到 935MPa，比强度可以与钛合金（Ti-6Al-4V）相媲美，在航空、航天领域表现出异常的优越性，如耐高强度镁合金用于航空航天构件，因质量减轻而有巨大的经济效益，据美国和以色列的文献报道，构件的质量每减轻 0.45kg，可使民用飞机、战斗机、航天飞行器分别节约 300 美元、3000 美元、30000 美元，除经济效益外，减少航空航天飞行器的质量，可改善飞行器的飞行姿态。超高强度镁合金零件的生产是经压力成形、机械连接。快速凝固镁钙与镁铝系高强度合金的数据如表 4-30 所示。

表 4-30   典型镁合金的力学参数

合金	拉伸强度/MPa	屈服强度/MPa	延伸率/%	弹性模量 E/GPa	相对密度
Mg-5Ca	458	—	0.9	47.8	1.715
Mg-5Ca-5Zn	483	—	2.0	51.1	1.806
Mg-3Ca-5Ce	419	—	0.4	46.4	1.789
Mg-Al18-Ga2	595	499	1.3	48	1.87
Mg-Al18-Ga2-Zn1	646	578	1.2	48	1.91
Ti-6Al-4V	1167	1030	7	113	4.43

超高强度镁合金的研究重点和发展方向：合金组分之间的相互作用，晶粒细化、微观偏聚、亚稳定相、准晶结构、强化机制和工艺方法。

三、粗镁的生产工艺流程

镁的生产方法分为两大类，热还原法和氯化熔盐电解法。热还原法中包括硅热法、炭热法和碳化物热还原法，其中硅热还原法最为常用。所谓硅热法炼镁是利用硅铁作还原剂，将镁从其化合物中还原出来而制得金属镁的一种生产方法。硅热法又分为外热法和内热法，采用硅铁还原氧化镁生产金属镁的工艺有 Pidgeon（硅热法、皮江法）工艺和 Magnethern（梦氏法）工艺。Pidgeon 工艺属于外热法；Magnethern 工艺属于内热法。皮江法由加拿大教授 Pidgeon 于 1941 年发明，流行于亚洲和美洲。梦氏法由法国工程师 Magnethern 发明，故名梦氏法，流行于欧洲。皮江法制镁在中国得到了广泛的发展。皮江法制镁在亚洲地区之所以得到广泛的应用，主要是由于皮江法制镁的原料是资源丰富的白云矿石，此外该工艺操作简单，无需复杂的设备和工艺技术。

皮江法制镁的工艺流程：首先将白云石矿破碎，经 850℃ 以上煅烧数小时，使白云石（$MgCO_3 + CaCO_3$）放出 CO_2 气，成为 $MgO + CaO$，煅烧后的 MgO 含量 ≥21%，就是优质的富矿，简称锻白。将锻白、硅铁（Si≥75%）与萤石按 100:17:3 装入火焰反射炉中的耐热钢罐中，筒形的罐长 2.7～3.3m，内径 300～340mm，壁厚 30～32mm，每个罐一端密封，另一端与炉外的水冷结晶器相连接，结晶器内放有 NaK 捕集器，每炉平放 19 个以上的罐。各罐内真空度 ≤

0.13Pa，炉膛内温度 1200～1250℃。使罐中的 MgO 在高温负压条件下，气化还原，还原过程 10～12h。出镁之前取出 NaK 捕集器，置于地上，使其自燃，出镁后扒去罐内残渣。由此可见皮江法是间歇式生产方式，结晶器中的结晶镁（称作粗镁，形如银色假山），再经钢质坩埚至熔炉精炼后，浇铸入铁模而形成镁锭。

梦氏法制镁的工艺流程如图 4-7 所示，其采用的原料为煅烧白云石＋煅烧铝土矿＋硅石（铝土矿为降低熔点做渣剂用），所采用的设备为密封还原炉，由钢外壳内砌保温材料＋碳素内衬，电阻材料加热。炉渣的物质的量比：$CaO : SiO_2 \leqslant 1.8$，$Al_2O_3 : SiO_2 \geqslant 0.26$；操作时通电于炉渣，生热，使达到 1723～1773K，连续加料，间断排渣，间断出镁，成半连续生产。反应式为：

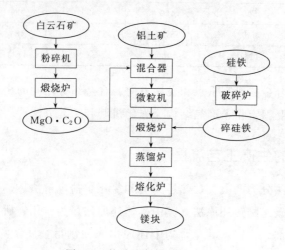

图 4-7　梦氏法制镁的工艺流程

$$2(CaO \cdot MgO)_{固} + Si(Fe)_{固} + 0.3Al_2O_{3固} =\!=\!=\!=$$
$$2Mg_{汽} + 2CaO \cdot SiO_2 \cdot 0.3Al_2O_{3液} + Fe(Si)_{液}$$

梦氏法制备镁的纯度虽然低于皮江法，但产量大，不污染环境，逐渐被广泛应用。

四、镁与镁合金的精炼技术

因为镁在熔炼时很容易氧化或燃烧，故关键问题是防氧化、燃烧，以利于精炼顺利完成。

国内工厂常首选溶剂保护性炼法。工艺流程如下。

（1）将溶剂放入坩埚底部，然后装入镁锭或镁合金废料。溶剂常由 $MgCl_2$ 38％＋KCl 38％＋NaCl 8％＋$BaCl_2$ 8％组成。溶剂熔化之后上浮，首先起可覆盖作用，故又名覆盖剂，厚度大于 20mm，或用光卤石（$MgCl_2$ 50%＋KCl 40%＋$BaCl_2$ 10%）＋CaF_2 10%。

（2）镁液温度达到 700～710℃时，加入精炼剂（由 90%的覆盖剂＋10%的 CaF_2组成），或用光卤石 80%～70%＋硫黄粉 20%～30%，混均洒于液面。

（3）搅拌。保温 30～40min，取样检验成分，必要时调整元素成分。

（4）吹氩气，脱除镁液中的 H_2、O_2、N_2 气体，然后静置 25min。

（5）清除镁液表面的熔渣和坩埚壁上的熔渣。

（6）在保护气氛中浇铸。

精炼过程中，镁液中的 Na、K 元素与 $MgCl_2$ 反应生成 NaCl 和 KCl 进入熔渣中。国外一些工厂倾向于采用气体保护熔炼法。即在镁液表面覆盖一层惰性气体，或能与镁发生反应生成致密氧化膜的气体。常用的有 SF_6、SO_2、CO_2、Ar气等。其中 SF_6 可与干燥空气或 CO_2 混合使用。如：空气＋0.04 SF_6，镁液705～760℃时，表面有搅动，效果良好，保护也有加入钙或铍元素使生成稳定性强的 CaO 或 BeO，以起保护镁的作用。

五、锌合金

锌为银白色金属，新鲜表面具有金属光泽。锌属于较软的金属，常用金属中仅比铅、锡稍硬，在常温下是脆性金属，加热到 100～150℃时才有延展性，能制备薄板或金属丝，当温度超过 250℃失去延展性。锌的熔点为 419.58℃，沸点为 906.97℃，密度为 7.1g/cm³。锌的抗腐蚀性好，常温下不被干燥的空气氧化，与湿空气接触时，其表面逐渐被氧化成面白色致密的碱性碳酸锌，保护内部锌不被侵蚀。我国锌资源丰富，居世界第一位，因此发展锌基合金具有得天独厚的优势。

以锌为基常加的合金元素有铝、铜、镁、镉、铅、钛等。与其他合金相比，锌基合金最明显的优点在于具有原材料价格低廉、熔化耗能少、熔烧无污染，成型方法适应性广和切削加工性好等，此外锌基合金材质还具有力学性能高、摩擦性能优良、耐磨性能好、无火花和无磁性等特点，可以代替价格较贵的（锡、铝）青铜和（铅）黄铜等铜合金以及巴氏合金等制造轴瓦、轴套、蜗轮、滑块和丝母等耐磨减磨零件。锌基合金熔点低，流动性好，易熔焊，钎焊和塑性加工，在大气中耐腐蚀，残废料便于回收和重熔；但蠕变强度低，易发生自然时效引起尺寸变化。熔融法制备，压铸或压力加工成材。按制造工艺可分为铸造锌基合金和变形锌基合金。国内外常用于汽车零件的锌基合金如表 4-31 所示。

表 4-31　典型锌基合金的化学成分

牌号	化学成分/%			
	Al	Cu	Mg	Zn
铸 ZnAl8Cu1	6.0～10	0.5～2.0	0.02～0.04	余量
铸 ZnAl12Cu1	10～13.5	0.5～2.0	0.02～0.04	余量
铸 ZnAl22Cu1	18～24	0.5～3.0	0.03～0.06	余量
铸 ZnAl27Cu2	24～30	0.5～3.0	0.03～0.06	余量

上述锌基合金铸件的力学性能测试结果如表 4-32 所示，其中浇铸条件为：铁型温度 100～200℃，压铸工艺参数：比压 40～60MPa，冲头速度 1～3m/s，型温 150℃ 左右。熔化温度 ≥600℃，浇铸温度 530～580℃，压铸温度 100～200℃，压铸导入速度约 50m/s。通气孔（槽）＜0.12mm，加入 Ti＜0.3% 或 RE＜0.4% 对耐磨、耐蚀有益表现。

表 4-32　典型锌基合金的力学性能

牌号	ZnAl22Cu1	ZnAl12Cu1			ZnAl18Cu1		ZnAl27Cu2
铸型种类	铁型	潮砂型	铁型	压铸	潮砂型	铁型	压铸
拉伸强度/(N/mm^2)	405～430	290～320	300～340	380～430	240～280	280～290	400
伸长率/%	3～6	1～2	1～2	0.5～1.0	1～2	1～2	5
布氏硬度(HB)	100～130	105～110	105～110	110～120	100～110	100～110	120

锌基合金存在老化现象，具体表现为强度下降，延伸率增大，表面呈现白色腐蚀膜，该现象也是国内外比较关注的问题，但在机理上尚未完全明确，也没有防止老化的根本措施。按英国标准 BS1004 的试验规范，将合金在（95±5）℃蒸汽中，储存 10 昼夜，放入 10 组样品，每 24h 提出一组，测试力学性能和长度（用测长仪），观察金相组织的变化，结果表明，只有铸 ZnAl22Cu2 的强度未下降，但各牌号均有白霜腐蚀膜。耐盐酸腐蚀性能均很严重，对 NaOH 的腐蚀轻于酸。加 Ti 和 RE 使酸的腐蚀减轻，实测老化后 σ_b 下降 20% 左右，δ 上升 40% 左右，尺寸变化 1/1000 左右，热处理无补于性能。加入铜元素，Cu 溶入 α 和 β 固溶体中，强化了合金基体。提高 Cu 量还可形成 CuZn8 金属间化合物（ε 相），硬质点弥散分布，也提高机械强度。压铸可细化晶粒。

第五章

金属学与热加工知识问答

本章就金属学教学及金属加工方面，大家经常提问的问题以问答的形式进行表述。这些问题多属于是什么、为什么、如何做。对于为什么的回答只能是定性的、概念性的，仅限于金属材料和工艺学的范畴。

1. 金属学研究对象的核心是什么？

一言以蔽之，金属学研究对象的核心是金属原子点阵排列的对称和不对称问题。因为这直接关系到金属各种性能的变异。例如，渗碳体的原子点阵排列是典型的前后左右上下都不对称，因而表现出很高的硬度（HV1200）和脆性。γ铁、铝、铜因原子点阵排列比较对称而表现出较高的韧塑性。加入各类元素组成不同的合金，或经过不同的工艺过程，都因影响原子排列而使力学性能、理化性能发生改变。

进而言之，金属学属于金属物理学的范畴，金属物理学仅是近代物理学的一个分枝，近代物理学的主要研究对象，或者极为重要的问题正是宇宙间的"正反不对称"（如质子的、电子的不对称，称作 C 不对称）、"左右不对称"（正负粒子不对称，如夸克等 12 种粒子不对称，称作 P 不对称）以及"将来与过去不对称"（称作 T 不对称）。至于金属原子点阵排列的对称和不对称不过是一种亚微观现象，是与热加工工艺过程有关联的，因此也可以说原子点阵与性能是属于物理冶金学的内容。

2. 金属的晶体、晶粒与金属的亚微观缺陷是何关系？

在显微镜下能看到的若干金属晶粒的切面，是由多个位向排列相似的小晶体（称之为晶胞）所组成的基团的切面，晶胞是亚微观的，在光学显微镜下，只能看到诸晶胞基团之间的边界，即晶粒间界。所以，金属的晶粒不是最小的结晶体。各晶粒的排列位向也不相同，或者说也有差异，所以金属不可避免地存在亚微观缺陷,可分为四类缺陷:点缺陷(空位)、线缺陷(刃型位错,螺型位错)、面缺陷(表面能较高)、堆垛层错和孪晶界。

多晶体金属的缺陷,极大地降低了金属的强度,实测纯铁晶须($\phi 0.0001 \sim 0.05 \mu m$)常温拉伸强度 σ_b 为 13GPa。金属材料的强度比理论强度低 $2 \sim 3$ 个数量级,皆因多晶体存在的亚微观缺陷。人们已经能实现单晶硅接近理论强度。但是,铸态金属经过锻轧冷加工之后,使位错密度由 $10^4 \sim 10^8 / cm^2$ 增到 $10^{12} / cm^2$,反而使强度上升,推断是由于位错互扰阻止了形变的原因。此外,金属晶体内存在原子空位及其他位错,可减少原子扩散所需的激活能,使金属易于相变;在一定条件下,位错缺陷又阻碍相变。

3. 晶粒的间界与晶粒的性质有无异同?

晶界与晶粒内的元素基本一致,仅是晶界上原子排列的位相,与相邻晶粒均不相同,而呈现出散乱或无序状况,故可视为近似非晶质,虽然不是非晶质,但具有近似非晶质的性质,即有黏滞性,其黏滞系数随温度的升高而减小,以纯铝(99.99%)为例,其黏滞系数 (n)与温度的关系见表 5-1。

表 5-1　纯铝不同温度下的黏滞系数

温度/℃	G_v(万有引力)/(dyn/cm)	黏滞系数/100mPa·s
29	2.4×10^{11}	2.2×14^4
100	2.3×10^{11}	2.1×10^{11}
200	2.1×10^{11}	2.0×10^7
350	1.9×10^{11}	1.3×10^7
450	1.8×10^{11}	43
500	1.7×10^{11}	2.2
600	1.5×10^{11}	0.18

注:$1 dyn = 10^{-5} N$。

在常温的条件下,晶界多(即细晶粒)有阻碍晶体滑移的作用。室温时,金属沿晶内断裂,有利于增大或保持金属材料的强韧性,故常温构件要求细晶粒。在高温时由于晶界的黏滞系数变小,金属材料蠕变性增大,不利于保持高温持久强度,金属沿晶界断裂,故耐高温材料则以粗晶粒为有利。如果晶界上发生有微细粒子沉积时,则有如钉子作用,会阻碍晶界和晶面的滑移,或增大常温强度,或稳定高温强度,当沉积粒子粗大,则消失了阻碍作用,反而加速了高温蠕变。此外晶界比晶面不耐腐蚀,因为晶界上原子排列混乱,或者说自由能高,易于与酸碱发生反应,通常金属的腐蚀都从晶界上开始。

4. 金属的弹性形变与范性形变（塑性形变）的特异性如何？

金属受到外力时，金属晶体原子点阵发生滑移，例如从图 5-1(a) 的实线滑移到虚线位置（滑移小于一个原子间距），当去掉外力时，又回复到实线位置，这种形变被称为弹性形变，如受力时原子移动恰到一个原子间距，则去掉外力不能回复到原来的位置，此被称为范性形变，为示意图 5-1(b)。

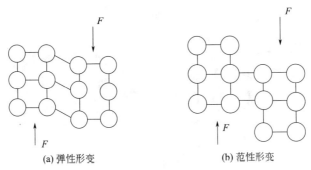

(a) 弹性形变　　　　　　　　(b) 范性形变

图 5-1　金属弹性形变与范性形变

5. 金属原子点阵发生滑移（或称滑移）有何规律？

金属受外力时，晶体滑移或滑移通常是发生在原子最密堆集的晶面上，但如有空隙存在时，也可能不发生在此密堆面上。此外金属受外力时，晶体发生滑移的方向，永远是沿着原子最密堆集的方向进行。如体心立方（BCC）的金属晶体，具有两个原子密堆面和两个滑移方向；面心立方（FCC）的金属晶体具有四组八个最密堆面，每面有三个滑移方向；密排六方（HCP，$c/a = 1.663$）只有 [0001] 面为原子最密堆面，两组共六个滑移方向。由此可见面心立方的金属晶体具有最大的塑性和延性。

6. 常用金属的晶型如何区分？熔点有何不同？

常用金属的晶型主要包括面心立方、体心立方和密排六方，典型的金属及熔点如表 5-2 所示，对比可见，金属的熔点与晶型之间没有必然的联系，三种晶型都包含有高熔点和低熔点的金属，其熔点主要与金属键能有关，而晶型则是由多种因素所决定的。

表 5-2　常用金属的晶型及熔点

面心立方	熔点/℃	体心立方	熔点/℃	密排六方	熔点/℃
铜	1084	钨	3380	锌	238
铝	660	δ铁	1537	镁	649
镍	1455	硅	1414	镧	880
金	1064	钛	1660		
铅	327	锡	238		

7. 何为孪晶？有何特征？

孪晶又名双晶或孪生，是晶体相变的一种形式，其特点是原子移动距离不等于原子间距的整倍数，其大小与孪晶面距离成反比，即整个晶体发生了转动，孪晶不同于滑移，显微镜下孪晶有两个边界，有一定宽度，而滑移线则是突然形成的狭条线。晶体发生孪晶后，变形部分与未变形部分形成镜面对称的关系，而滑移变形的晶体各部分相对位向不改变，如图 5-2 所示。

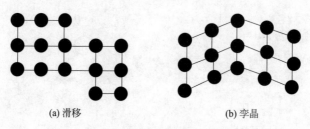

(a) 滑移　　　　　　　　　　　(b) 孪晶

图 5-2　滑移与孪晶的示意

可见孪晶面沿一定的晶向（孪生方向）移动，孪生方向与晶型有关，BCC型的孪晶面是[112]·[111]，FCC 型的孪晶面是[111]·[112]，HCP 型的孪晶面是[1012]·[1011]。锌就是 HCP 型中易发生孪晶的金属。

8. 什么是固溶体？

所谓固溶体是指溶质原子溶入溶质原子的晶体点阵之中，形成两种原子或两种以上原子的固态熔合体。以黄铜为例，α 和 β 为终端固溶体（terminal solid-solution phase），γ 为中间固溶体（intermediate solid-solution phase），α 黄铜是面心立方晶体，β 黄铜是体心立方晶体，在 460℃以上为无序固溶体，460℃以下为有序固溶体，无序说明铜原子在晶格角上或中心位置都不一定，各晶体情况都不同。有序时，则锌原子必定在中心，460℃以上由于热骚动的影响铜原子呈无序状态的多重排列，而非简单的点阵，故称为超点阵。呈有序固溶时，体心立方的晶格只有一个铜原子和一个锌原子平均排列，即一个锌原子在中心与八个 1/8 的铜原子相吸而呈有序状态。通常有序固溶体的强度和硬度较无序固溶体高，因为经过有序排列而晶格变形。

9. 间隙相、间隙固溶体和替代型（置换型）固溶体各有什么特点？

间隙相的最大特点是溶质原子的比例固定，如 Fe_3C 即是间隙相，间隙式固溶体则溶质成分有一个范围，例如 α-Fe、γ-Fe、马氏体等，都属于一定成分的碳原子溶入铁的点阵中。但也有专家认为马氏体更是有序的固溶体。

Fe_3C 由于碳原子数固定，必须三个铁原子与一个碳原子匹配，以致形成复杂的晶格，没有对称性，内应力大，外力不可能使之形变，故硬而脆。

形成间隙式固溶体的条件是 $\dfrac{r_A}{r_B} \leqslant 0.59$。

替代式固溶体则是一部分溶剂原子被溶质原子取代了的固溶体，形成的条件是：

$$\frac{R_B - R_A}{R_A} \leqslant 15\%$$

10. 铁碳合金及其他合金的共晶为什么熔点最低？

所有的平衡相图中，共晶成分的熔点永远是最低的，以众所熟悉的铁-碳合金平衡图为例，当碳当量为 4.3% 时，共晶的熔点为 1030℃，而纯铁的熔点是 1538℃，当含碳大于或小于 4.3% 的成分，其液相线或者熔点都高于 1030℃。关于为何共晶的熔点最低，这是一个金属物理问题，也是一个可以从数学上计算出什么比例的成分可有最低熔点共晶体。从物理概念上可以认为熔点意味着原子在热骚动作用下摆脱原子间力而液化，所以原子间力大的金属则熔点高，合金中的共晶体由于异原子存在的互相影响，使 A、B 两种金属结构发生松动，因而在较小的热扰动作用下易于使晶格被拆散，即液化，最终导致该成分熔点最低。

11. 为何过共析钢（含碳 0.77%～1.8%）冷却时析出 Fe_3C 而不是石墨碳？

可从晶型上解释原因，已知奥氏体是面心立方晶格（$a = b = c$），渗碳体（Fe_3C）是正交晶系（$a \neq b \neq c$），石墨是六方晶系，三者晶系上差别以奥氏体与渗碳体比奥氏体与石墨为小，故由奥氏体中易于析出渗碳体，可由渗碳体转化为石墨，或者可以说由奥氏体直接变成石墨，因体积变化较大，需引起畸变能的变化较大。由奥氏体析出 Fe_3C 需激活能较低，又因石墨的比容较大，由 Fe_3C 变成石墨所需的激活能较大，故 Fe_3C 石墨化也并不容易。

12. 为什么灰铸铁中石墨呈条形而黑心可锻铸铁中石墨呈团絮状？

回答这个问题首先应明确总的转变自由能 G_T 通常分为化学反应自由能 G_r、新相产生时表面自由能 G_S 和相的体积长大时的体积自由能 G_v。液态灰铸铁在冷凝过程中析出片状石墨是因为所需的体积自由能最小，主要是因为六方系的石墨其碳原子呈层排列，在铁水冷凝过程中碳原子在沿 C 轴开拓一个新的排列方向所需的 G_v 小很多，或者说呈片状石墨所需的畸变能最小。因为当时石墨的生成条件的主要矛盾是 G_v 而不是表面能 G_S。

白口铸铁焖火处理过程，石墨化所需的主要条件是表面能只有团絮状或近似圆形的石墨才符合表面能 G_s 最小的要求，而且在长时间热扩散过程中（不同于瞬时冷凝）有条件使回火碳的表面积较小。

13. 形成碳化物和溶入铁素体的合金元素如何排列强弱顺序？

合金元素与碳原子的亲和能力大小决定该合金元素形成碳化物的倾向的强弱。常用合金元素形成碳化物的倾向性顺序为：Fe＜Mn＜Cr＜W＜Mo＜V＜Ti，可见 Ti 与 C 的化合能力最强。合金元素溶入铁素体与温度有密切关系，因为不能笼统总结出明显的规律或次序，但大致可认定 Ni、Co、Si、Mn 是主要溶入铁素体的合金元素。

14. 扩大和缩小 γ 区的合金元素及其在 α 铁与 γ 铁中的最大溶解度如何？

具体溶解度可参见表 5-3 与表 5-4。

表 5-3　扩大 γ 区的合金元素及其在 α 与 γ 铁中的最大溶解度

项目	Co	Ni	Mn	C	N	Cu
在 α 铁中 20℃	76％	1％	3％	0.02％	2.8％	0.2％
在 γ 铁中 1000℃	无限	无限	无限	2.0％	2.8％	8.0％

表 5-4　扩大 α 区的合金元素及其在 α 与 γ 铁中的最大溶解度

项目	Cr	Si	W	Mo	Ti	Ti	Al
在 α 铁中 20℃	无限	18％	33％	33％	7％	无限	26％
在 γ 铁中 1000℃	12.8％	9％	11％	3％	0.6％	1.4％	1.1％

15. 图示扩大 γ 区和缩小 γ 区（即扩大 α 区）诸合金元素的作用是什么？

对于 α 区和 γ 区是扩大还是缩小，不同合金元素的作用也不一样，具体的作用详见图 5-3。

16. 影响合金元素之间溶解度的因素是什么？

有三种因素：一是两种元素的原子直径差。直径差值越小，则 A 元素（溶质）在 B 元素（溶剂）中的溶解度越大，A 与 B 和 A 与 C 的原子直径的差值相似，则 A 在 B 和 C 元素中的溶解度相似，例如 Zn 与 Cu 和 Ag 的原子直径差均是 15％，则 Zn 在 Cu 中可溶入 38.4％，在 Ag 中可溶入 40.2％，反之 Cd 在 Cu 中只能溶入 1.7％，而 Cd 在 Ag 中却可溶入 42.5％，因 Cd 与 Ag 的原子直径差很小。二是价电子因素。例如 Zn（2 价）、Ga（3 价）、Ge（4 价），虽然以上三种元素的原子半径差皆在 ±15％，但 Zn、Ga、Ge 在铜中的溶解度分别是 ±40％，±20％和

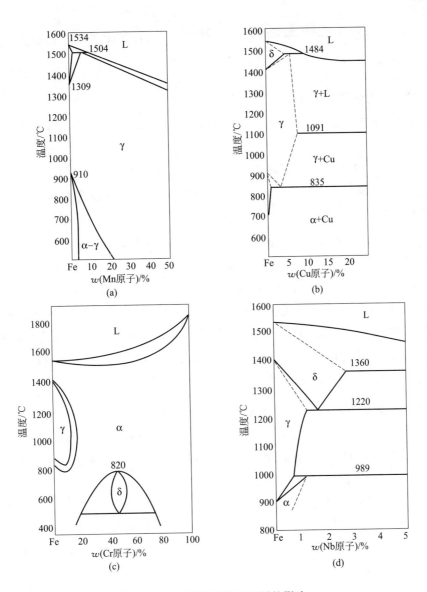

图 5-3　不同合金元素对相图的影响

（a）扩大 γ 区到室温以下的元素如 Mn、Ni、Co 等；

（b）扩大并且封闭 γ 区的元素如 C、N、Cu 等；

（c）缩小 γ 区，扩大 α 区的元素如 Cr、Si、W、Mo、Ti、V、Al 等；

（d）扩大并且封闭 α 区的元素如 Nb、Zr、Ta、B 等

±12%。三种电子浓度相同，皆是1.4[黄铜（60/40）$\dfrac{60\times1+40\times2}{100}$（原子数）=1.4，铜

镓合金（80/20）$\dfrac{80\times1+20\times3}{100}$=1.4，可见电子浓度起主要影响]。三是电化因素，在周期表中距离远的，即电负性差距大的，易生成化合物，溶解度越小。

17. 黑色金属中的奥氏体从高温连续冷却下来形成珠光体（含共析片状碳化物），从高温淬火形成马氏体再回火则形成粒状碳化物，如何解释这一规律？

当 B 相从 A 相中产成时，要求必须以体系自由能减少为先决条件，此减少的自由能为 ΔF，在此前提下，A 相发生转变时，自由能降低量为 ΔF_m，当 B 相形成时需要表面能 ΔF_s，B 相出现后受到四周压力，若能存在需要畸变能 ΔF_c，可见 ΔF 由新相的数量决定，ΔF_s，ΔF_c 由新相的形状决定。

$\Delta F = -\Delta F_m + \Delta F_s + \Delta F_c$，设 $\Delta F_s + \Delta F_c = F_k$，经计算得知片状的 B 相，其晶体参数 a/c 近似 0 时，F_k 最小，所以连续冷却必成片状结构，例如珠光体中的共析渗碳体，淬火马氏体回火过程中有渗碳体从马氏体中沉淀，通常在 400℃左右完成，Fe_xC 初始沉积时人们看不见，按以上原理很可能是片状的，只是随着回火温度的上升，时间的延长，使马氏体分解的过程成为这些小质点集聚成表面能较低的大质点，这种集聚只能成为球粒状而不是成为片状。

18. 奥氏体铸钢与锻钢在工业应用上有何区别？

从名字上可以看出，二者之间最明显的区别是制备工艺不同，一个是铸造，一个是锻造压力加工，通常化学工业和矿山机械对奥氏体钢的力学性能无特殊要求，主要将其特殊的理化性能（如：耐腐蚀、耐热、耐磨损等）作为材质优劣的衡量条件。实际上奥氏体钢的力学性能已为其特殊的理化性能所限定。例如：已使用广泛的高铬镍奥氏体不锈钢和锰 13% 奥氏体抗磨钢，前者拉伸强度 500～520MPa，后者拉伸强度 550～600MPa，已经达到了较高水平，如欲将奥氏体钢的强度提高一倍以上，绝非易事。但现实工业却在客观上有这种需求，比如：火力发电设备中的汽轮发电机是通过转子在磁场中高速旋转，绕组切割磁场感应生电流，高速旋转产生的离心力，使绕组向外飞转，为了固定绕组就需使用支撑励磁线圈的顶端部位的重要构件——端环，端环必须是不导磁，至少是低导磁材料，否则端环在磁场中旋转过程必然产生涡流，使发电机发热导致发电机效率低，同时，由于转子高速旋转产生巨大的离心力，这又要求端环材料必须具有很高强度，以 1×10^5 W 发电机所需的端环为例，要求低导磁性的奥氏体钢，除磁

导率＜1.05 之外，至少拉伸强度≥1100MPa，屈服强度≥900MPa，延伸率≥12％，断面缩小率≥20％，否则发电机组不能安全有效地运转。发电机组越大，对端环的要求越高。其他方面，如军事上的扫雷艇也要求高强度无磁或低磁性的材料。经国内外多年的研究，迄今，高强度奥氏体（低导磁性）钢，已可大体划为两大类，其一是时效强化型，其二是冷加工（锻压）强化型。

高强度奥氏体低磁铸钢在显微镜下，可观察到碳化钒（VC）的微粒子沉积使钢强化，研究也发现含有 N 0.4％的 Cr 18.4％＋Mn 12.5％＋C 0.4％的钢很难用时效处理提高强度，因 Ni 使奥氏体非常稳定。试验也发现高温时效可使 C 0.5％＋Cr 15％＋Ni 20％＋Ti 元素的奥氏体钢中析出 Ni3（Al、Ti）微粒子，而得到明显的强化。此牌号已被列入美国 ASTM 之系列的 A2 89％～64％。Mo 这个元素对强化奥氏体基体的力学性能是有效的，但原子量较大，不易在时效过程发生沉积析出。总之，从固溶处理＋高温时效的方法提高奥氏体钢的强度，主要应从 Mn-Ni-Cr-V 和 Cr-Ni-Ti 系选择。

压力加工强化奥氏体低磁钢是对 Mn-Cr-Ni 奥氏体钢进行热加工或板热加工之后，继之施以冷加工，从而提高机械强度，压力加工方法固然也能提高奥氏体钢的强度，但需大型加工机械，而且产品形状不可复杂，产品的残余应力也不可能均匀，可见局限性大，不如铸件固溶＋时效工艺的适用性大。

19. 含有形成碳化物的元素（carbide forming elements）的钢其等温转变曲线和含有形成铁素体元素（ferrite strengthen）的钢的等温转变曲线有何区别？

实际测量结果如图 5-4 所示，含有形成碳化物的元素的钢其等温转变曲线有两个"鼻子"，如图 5-4(a) 所示，而含有形成铁素体元素（Ferrite strengthen）的钢，其等温转变曲线只有一个"鼻子"，如图 5-4(b) 所示，其实，无论是普碳钢或是合金钢，其转变曲线都是两个鼻子，只不过是加入碳化物形成元素时，转变曲线上鼻子简短分开明显。转变曲线的特征是多元素存在时发生复杂作用所引起的。

20. 流动性最好的合金是共晶成分或纯金属，如何理解？

这是公认的事实，原因也很简明，从合金的冷却曲线（图 5-5）可以看出，非共晶成分的冷却曲线在凝固区域为非水平线 [图 5-5(a)]，而共晶成分合金与纯金属则在同一温度水平线上凝固 [图 5-5(b)]，没有非共晶合金中先生成的晶轴或枝晶阻碍流动，故浇铸性能较好。

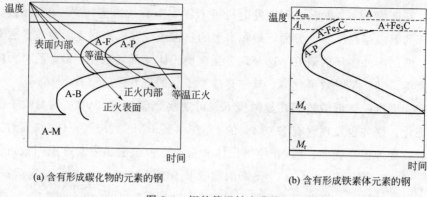

(a) 含有形成碳化物的元素的钢

(b) 含有形成铁素体元素的钢

图 5-4　钢的等温转变曲线

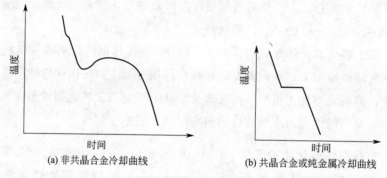

(a) 非共晶合金冷却曲线

(b) 共晶合金或纯金属冷却曲线

图 5-5　合金冷却曲线

21. 有何措施使铝合金长时间不发生自热时效硬化？

通常对铝合金铸件或型材进行固溶＋人工时效处理以提高其强度和硬度，但有时因特殊的目的（如长时间加工）而不期望发生时效硬化，选取较低温度的淬火介质，可达到长时间不发生硬化的目的，这种措施是根据铝合金（如含 4% Cu 的合金）最高时效温度是 350℃。时效速度与过冷程度的关系如图 5-6 所示。

22. 软磁钢、硬磁钢与磁滞现象有何关系？

从物质的原子结构观点来看，金属材料内电子间因自旋引起相互作用形成无序的状态，当受到外磁场的影响时，则变成有序的微小区域，叫做磁畴，所有的磁畴都转向外磁场的方向，如图 5-7 所示，软磁材料的磁导率 μ 和饱和磁感强度都比较大，容易磁化，矫顽力较小，故去除外磁场则磁性消失，硬磁材料则相反，因此硬磁钢也称为永磁钢。内应力、夹杂物及合金元素都影响磁畴的形成，尤其是间隙固溶体使磁化困难，消磁也困难，因此发生磁滞。

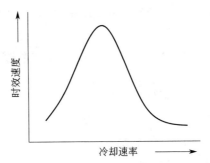

图 5-6　时效速度与过冷程度的关系

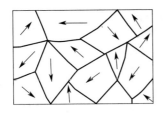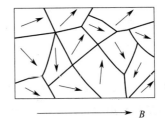

图 5-7　磁畴在外磁场作用下的变化

　　所谓的磁滞，是指当磁感强度由零增加到最大值 H_s 后，开始减少，而磁感强度 B 并不沿着起始曲线 OM 减少，而是沿着另一条曲线 MR 缓慢地减少，这种 B 的变化落后于 H 的变化现象叫磁滞现象，如图 5-8 所示，B_r 为剩余磁感强度，H_c 为矫顽力。此闭合曲线称为磁滞回线。因金属软磁材料的矫顽力较少，因此，软磁钢适合用于电磁铁、变压器、交流电动机的铁芯等；而硬磁材料的矫顽力大，剩磁也大，因此适于作扬声器、永久磁铁或电子电路中的记忆元件。

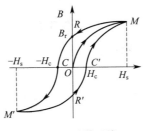

图 5-8　磁滞回线

23. 为什么变压器中的铁芯不用整块磁铁而用多层硅钢片组成？

　　因为磁滞与金属材料，特别是软磁材料的晶粒度有关，每层硅钢片的厚度最好相当于一个粗晶粒的直径，但实际上因经济或技术上的限制，通常对含有硅

4.5%的具有铁素体组织的硅钢冷轧成壁厚≥0.35mm 的薄片。实测晶粒数与磁滞的关系如图 5-9 所示。

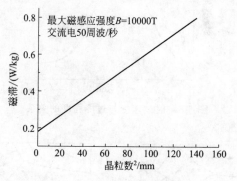

图 5-9　晶粒数与磁滞的关系

24. 钢中所谓的"白点"是什么？

合金钢容易发现白点，尤其是含 Ni、Cr、Mn 的中低碳合金钢，所谓白点是指断面宏观可见的白点，不是机加工后表面呈现的白点，常有人对此发生误解，例如机加工后有时看出"白点"，其实是粗大的晶面，对铸钢件来说是夹杂物。真正存在于钢材中的白点，经磨平抛光，用 50%的盐酸水溶液侵蚀后则呈现出一簇小裂纹，所以白点的实质是一堆小裂纹。

宏观（肉眼）检查钢材有无白点的方法可采用如下步骤：首先将试棒中可能有白点的区域加工出一个缺口；然后从较低的固溶温度淬入油中（不用水淬，以免发生新裂纹）；经打断试棒后再观察断口。这种操作方法的原因是低温油淬火可使有裂纹地区的组织结构细化，而裂纹本身有自由表面，其附近晶粒得不到细化，依然粗大，故打断后可见白点更加显著。

25. 滚动摩擦与滑动摩擦的机制有何不同？

滑动摩擦就是物体沿另一物体表面滑动时产生的摩擦力。物体受到的滑动摩擦力的方向和物体相对运动方向相反才会产生摩擦。而滚动摩擦就是物体在另一物体上滚动时产生的摩擦。它比最大静摩擦和滑动摩擦要小得多，在一般情况下，滚动摩擦只有滑动摩擦阻力的 1/60～1/40。所以在地面滚动物体比推着物体滑动省力得多。滚动摩擦分为：物体 A 与 B 互相滚动；引力使 A 在 B 上滚动和带有滑动的滚动。滚动物体与另一平面的接触常以点、线、面接触，有时滚动物体与平面的接触区发生变形。因此在研究材料抗磨损性能时，要根据其应用条件进行具体分析。

26. 金属材料发生疲劳裂纹的机制是什么？

金属材料的裂纹总是在应力最大且强度最小的基体处形成，尤其是在交变应力（拉应力与压应力的交变应力）作用下，会加速裂纹的形成，通常经过萌生裂纹（0.2～0.3mm）阶段。最容易萌生裂纹的部位是垂直于夹杂物的方向（如 MnS、MnO、SiO_2、Al_2O_3、$FeSiO_4$ 和 $MnSiO_4$ 等），其他如机加工纹，表面擦伤纹，靠近表面的夹杂物都是萌生裂纹的起源处。对于软金属材料，疲劳裂纹常起始于晶界附近或某些滑移带上。对于铸铁材料，石墨是萌生疲劳裂纹的主要发源地。萌生的细小裂纹的扩展，通常经过两个阶段：第一阶段于切向扩展，裂纹尖端沿着交变应力轴 45° 方向的滑移面扩展；第二阶段裂纹扩展与主应力轴成 90° 方向进行。第二阶段扩展包含三个小阶段：以隧道形成向内缓慢扩展，沿着应力最大、阻力最小的路径发生撕裂、解理、切变，进展缓慢；诸小裂纹连成一条大裂纹，稳定地向前扩展；稳定扩展到一定深度之后，由于材料截面不断减小，应力不断加大，在应力超过材料的极限强度时，发生瞬间断裂。突变应力的频率越高，金属材料最后瞬间发生断裂的截面积（称作精断区）越小，突变应力的频率越低（低周疲劳）则精断区最大。

27. 耐热钢中最忌讳的有害元素是什么？极限含量是多少？

耐热钢（指工作温度≥650℃的钢），最忌讳含有铅、锡、砷、锑、铋这类低熔点元素，因为这类的熔点元素倾向于存在钢的晶粒边界上，即使含量很少，仍极大地降低钢的蠕变强度，故通常限定 $Pb < 0.0001\%$，$Sn < 0.00012\%$，$As < 0.0025\%$，$Sb < 0.0025\%$，$B < 0.001\%$，它们的熔点 Pb 327℃，Sn 233℃、As 817℃、Sb 630℃、Bi 271℃，这些有害元素的来源主要是废钢料。

28. 如何认识 Na、Sr 对 Al-Si 合金变质的正负效应？

通常多是采用含 Na 的物质作为 Al-Si 合金的变质剂，因为 Na 元素使 Al-Si 合金的液相线和固相线都上移，因而使初生铝晶粒增多，铸件组织晶粒细化。Na 变质的特点是因为钠极易蒸发，而失效较快，最好在 0.5h 之内浇铸完毕。又不宜使铝合金液中的钠超出 0.02%，否则易生成 AlSiNa 三元化合物而无变质作用，形成粗大的铝、硅初晶导致合金的力学性能低劣。用 Na 变质的合金液，因吸气量增加而容易发生分散的缩气孔，也是一缺陷。用锶作 Al-Si 合金的变质剂使初生铝（α-Al）的晶粒由树枝状变成紧密圆短的分枝结构，正常的加入量为 Al-Si 合金液的 0.01%～0.02%，超过 0.04% 时，则发生过变质，晶体变得粗大。同 Na 变质有类似的弊端，即 Sr 变质的 Al-Si 合金液也容易产生分散的气孔。有的学者认为是由于生成 SrH 化合物所致，也有人认为是因 Sr 是表面活性元素，用 Sr 处理后 Al-Si 合金液吸 H_2 和 O_2 造成分散的缩气孔。锶的变质有效期可达 4h。若 Al-Si 合金中有其他微量杂质元素，如 P、B、Bi 等，对 Na 和 Sr 的变质作用都有干扰影响。

29. 用做弹簧的钢为何常是硅锰钢？

用做弹簧的钢应具有高弹性极限，高疲劳极限，而弹性极限的强度与淬火后回火得到的回火马氏体的量成正比，为了得到尽可能多的淬火马氏体，用 Si 以升高 M_s（马氏体起始转变温度），故 Si 含量不宜低于 1.5%。同时 C 与 Mn 的含量不宜过高，因碳压低 M_s 点，通常限定 ±0.5%。同时 Mn 压低 M_f（马氏体停止生成温度），但 Mn 使回火马氏体中碳化物颗粒细化，有利于强度的提高，多限定 Mn 1.1%～1.4%。总之控制 Si、Mn 与 C 的含量是为了尽量减少残留奥氏体，得到尽可能多的回火马氏体以满足弹簧的弹性要求。

30. 所有的钢中都含有一定数量的硅和锰是什么原因？

这是一个带有普遍性的事实，除去特殊的高硅（Si 4.5%）或高锰（Mn 13%）的合成钢之外，普碳钢、低合金钢和一些耐热耐腐蚀钢，都含有 0.3%～0.6% 的硅和 0.4%～0.8% 的锰，其原因是炼钢时以硅铁合金脱氧，并可使 Cr_2O_3 还原，必须保持钢水中有 0.3%～0.6% 以上的硅，用锰铁合金脱硫是最经济的方法，同时也可起到脱氧作用。此外，钢中宁可存有 MnS 夹杂也不允许存留 FeS 夹杂，因为 MnS 是柔性的点块状的高熔化合物（熔点 1610℃），对钢的性能影响不大。FeS 则是低熔点（1175℃）脆性的化合物，常存在于钢的晶粒之间，损害钢的性能，几乎所有的钢都含有硅 0.3%～0.6% 和锰 0.4%～0.8%，主要是由于冶炼钢水的需要，不但无害而且有益于钢的性能。

31. 为什么耐腐钢和耐热钢中必含有较多的铬镍元素？

简而言之是因为铬的氧化膜（Cr_2O_3）很致密，而且属于面心立方晶系，与 γ 铁（即奥氏体）完全一致，而不易脱落，同时可以阻止氧原子继续侵入氧化。至于 Ni 显然是为获得奥氏体组织，同时 NiO 与 Cr_2O_3 的结合更有利于抗氧化能力的提高。

32. 如何防止合金结构钢发生回火脆性？

含有 Ni、Cr、Mn 的铸钢和钢材较常发生回火脆性，常发现两个脆性温度区即 250～350℃ 和 500～600℃，原因是在热处理缓慢冷却过程中有 Sn、Sb 或者 P 等低熔点元素与合金碳化物微粒以薄膜形态沿晶界析出，破坏钢的强度。在实际过程中，可采用向钢中加入少量 W 或 Mo 元素来阻止薄膜析出或加快冷却避开脆化区的措施来防止其出现回火脆性。对已发生回火脆性的钢件，试图重新加热到 550～600℃保持一定时间，然后在油中或水中冷却，但并不能消除这种脆性薄膜。实践证明，许多生产企业用调质工艺（淬火＋回火处理）生产低合金高强度兼高延展性的结构钢件时，在回火保温之后采取油冷或吹风冷却，能避免发生回火脆性，可稳妥地获得良好的力学性能。

33. 金属或者合金的内耗是什么概念？

物理学上的内耗是一个振动物体即使与外界完全隔绝，其振动也会自行减弱，这种现象是由于物体内部微观结构的"摩擦"。金属或合金中内耗常是指溶质原子（例如碳原子）在溶剂原子（例如铁原子）晶格格点或间隙位置中不断跃迁，因而消耗了能量，内耗的能量可用计算法求出，实际是一种阻尼。

34. 对金属材料做拉力试验过程会发生什么物理现象？

多晶粒金属或合金（如低碳钢）在受到拉应力时（如抗拉试验），当应力可以使金属发生 0.25％的应变时则发生轴向 45°角方向的滑移线，如图 5-10(a) 所示；应变达到 0.5％以上，接近 4％时则出现互相交错的滑移线，如图 5-10(b) 所示；当应变大于 4％以后，则看不出滑移线条而呈现一片暗色。总之是出现了弹性形变，经过一段反复后发生塑性形变〔如图 5-10(c) 所示〕。

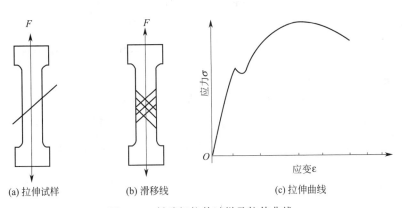

(a) 拉伸试样　　　　(b) 滑移线　　　　(c) 拉伸曲线

图 5-10　低碳钢拉伸试样及拉伸曲线

35. 含有钨或钼的钢水冷却速率对形成碳化物的类型有无影响？

影响是明显的，以钢水中含有 W 元素为例，快速速降温冷却时，生成 Fe_2W_2C；缓慢降温冷却时则生成 W_2C 和 WC。其原因是溶剂元素 Fe 原子很多，快速冷却时 W 来不及与 C 原子选择化合，而与浓度很高的 Fe、C 原子混杂化合。缓慢冷却时则具有单独与 C 化合的条件。同理当钢中含有 Mo 时，快冷生 Fe_2Mo_2C，慢冷生 Mo_2C。

36. 共析钢与亚共析、过共析钢的转变有何区别？

主要区别在于奥氏体转变的临界冷却速率。共析钢的临界冷却速率较小，亚共析钢有铁素体沿奥氏体晶界析出，过共析钢则有渗碳体沿奥氏体晶界析出，此两种析出对奥氏体的转变有催化作用，而共析成分的钢在热处理连续冷却过程中没有受到以上的催化影响，故奥氏体转变较慢。

37. 淬火马氏体组织在回火处理过程中有无原子扩散？

淬火马氏体中存有饱和的碳原子，在回火过程中碳原子趋向于沉淀出来，但回火温度低而限制了碳原子只在铁原子间距内发生位移，因而可以说碳原子基本上不发生扩散。

38. 铜合金中的夹杂元素 Fe 和 P 对性能有何影响？

因为 Fe 在铜中的溶解度甚小，而且熔点比铜高很多，可起到细化铜合金晶粒的作用，从而增加铜合金的强度和硬度，但不允许 Fe 的含量≥1%，至于 P，当铜中含 P≥0.3% 时，则有 Cu_3P 共晶体生成（硬脆）而增大铜的脆性。

39. 低碳钢能否发生时效硬化？

可以做到，只不过需要较低温度＋较长时间。例如含 C 为 0.07% 的低碳钢经 900℃水淬之后，分别在 50℃、100℃、150℃、300℃放置，使发生时效，即时效温度越低则硬化值越高，300℃几乎不能时效硬化，且可在此温度下使淬火钢软化。

40. 冲击试样的缺口有哪些形式，其冲击功有无区别？

冲击试样有三种缺口，分别为梅氏、卡培和 V 形，其中 V 形较常见，三种缺口试样的冲击功依次降低，即梅氏＞卡培＞V 形，缺口示意如图 5-11 所示。

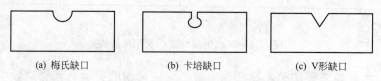

(a) 梅氏缺口　　　　　(b) 卡培缺口　　　　　(c) V形缺口

图 5-11　冲击试样缺口示意

41. 拉力试棒在被拉断之前，为何中间部位发生缩颈？

主要原因是夹头处受力复杂，晶面滑移互相干扰，又因夹头处断面大，有加强作用，因而夹头部位只能发生少许滑移线而无形变。中间部位受力单一而且方向一致，所以在断裂之前发生大量塑性形变而成缩颈，如图 5-12 所示。

图 5-12　拉力试棒的缩颈

42. 什么叫应变陈化？

所谓应变陈化即合金在外力作用下范性形变之后，强度和硬度升高，冲击值下降。这种现象和淬火固溶＋低温时效强化不属于同一机制。这种效应多发生于低碳沸腾钢，而用铝脱氧的镇静钢则较少，故有人认为与 O 和 N 偏聚有关，更多的观点是由于范性形变扩大了合金内部的位错，加重了结晶的缺陷所致。

43. 沸腾钢、半脱氧和镇静钢的根本区别是什么？

三种钢的主要区别在于：沸腾钢是未经脱氧的钢水铸成的钢锭，锭心以外的边缘地带有很多冷压或热压的压延性，尤其适于应用在冷压或外观光净的薄板之类，又因没有缩孔，无需切头，有利于钢材产量。所以对沸腾钢的要求是：坚固带越厚越好，蜂窝越少越好，偏析越少越好。半脱氧钢是对钢水适当地脱出一部分氧气，使钢锭的上端不发生大缩管，而仅发生疏松和小缩孔，加工时不必切去锭头，以增大生产量，同一炉钢水比生产镇静钢增大 15％～20％ 的钢材。镇静钢通常称作优质钢，是对钢水用铝充分脱氧的钢，要求杂质越少越好，要求不可避免的杂质集中在钢锭上端的缩管附近，此类钢锭要切头，故钢材的生产率较低。可见三种钢生产技术的区别主要在脱氧或者对氧气的控制上。三种钢以半脱氧最难控制，操作不好时，则在钢锭表面会形成气泡，造成废品或次品，早期我国生产半脱氧钢，为增加钢材供应量以应对全国总需求。随着工业的发展，终止半脱氧钢生产，完全生产沸腾钢和镇静钢，已成为国际的发展趋势。

44. 生产合格的沸腾钢有何要领？

生产合格的沸腾钢主要把握住："浇铸温度要高，浇铸速度要慢。"因为钢水温度高则流动性好，可使形成在钢锭模壁上的气泡在稀薄的钢液中伸长，以保证气泡伸长速率大于晶核生长速率，结果使气泡体积因变大而上浮，该区域又产生新的晶核，生成外层坚固带，可避免蜂窝泡带在钢锭的表面上形成。浇铸速度慢的目的也是为避免气泡不受过大的压力而有机会上浮。只要将以上要领运用得当，便可完全消除钢锭表面蜂窝气泡，而得到优良的沸腾钢锭和钢材。

45. 沸腾钢锭的中间泡带是怎样生成的？

当钢锭上端凝固之后，钢锭中部的气体压力增大，压力大对晶粒的生长无大的阻碍，但对气泡的生长阻碍很大，而且蜂窝气泡的生长速率逐渐减缓了，但蜂窝气泡四周尚未成为气泡的一氧化碳被推向锭心，须达到很高的浓度才突破压力而成为小气泡，但又不易长大，而成为球状环形排列的中间气泡带。

46. 黑色金属中不可避免的氧化夹杂物在显微镜下各有何特征？

Al_2O_3 在白光下外观为深棕色，因内反射的原因其内部为灰绿色，如 Al_2O_3 在磨片时脱落而成小坑，则外部呈蓝灰色，芯部为黑色。当用铝脱氧的钢液中含氧 $\geq 0.15\%$ 时，生成 AlN 夹杂，尤其是残铝较高时，AlN 在白光下呈直线形。SiO_2 夹杂在白色反射光下因有内反射而呈深灰色圆形。MnO 呈黑灰绿色粒状，常与 MnS 共存，白光下比 MnS 色深，而后者呈树枝状。

47. 黑色金属中硫化夹杂有何特征？

硫化锰（MnS）其性较软，在白光下呈淡灰色的点状或圆形，因其熔点高（1610℃）而易于从钢液中析出。硫化铁（FeS）因熔点低（1175℃），白光下呈灰色小点或链条状，沿晶界存在，在偏光下每转 360°，亮 4 次。而 MnS 在偏光下呈黑色。对于钢材来说，因经过压延加工，则 MnS 被压成线条形。点状 FeS 也因晶粒变形成方向性分布。MnS 与 FeS 可在 1164℃ 形成共晶，二者的比例是 6.3∶93.5。二者也可形成固溶体，当固溶体中 FeS 高时，呈淡白色，MnS 高时呈深灰色，二者界限分明，成一条直线。

48. 硅酸盐类复合夹杂物有何特征？

当钢液用硅脱氧不充分时，常由 FeO、SiO_2、MnS 和 FeS 形成硅酸盐类夹杂。在显微镜白光下呈现多形态不同色泽的夹杂物。$MnSiO_3$（熔点为 1273℃）在反射光下呈灰黑色或者灰白色（含 FeO 时），常以大颗粒形式存在。$2FeO \cdot SiO_2$ 在反光下呈灰黑色小粒状。当对于含 $Ti \geq 0.16\%$ 的钢液脱硫不充分（即硫超出 0.04%）时易发生 TiS 夹杂，可与 FeS 原子形成共晶夹杂物，在晶界上呈褐色点状，并以链条状分布。

49. 如何划分粗晶粒钢与细晶粒钢？

钢的晶粒粗与细根源在于奥氏体有晶粒长大的本性或者说变粗的倾向。用铝脱氧的钢常属于细晶粒钢，但是当温度达到某一范围时，晶粒突然猛长，用硅脱氧的钢，多是粗晶粒钢，晶粒随温度上升，没有突然长大的特性。一般对照标准图片来进行粗细晶粒钢的划分，通常将 1～5 号晶粒视为粗晶粒，6～8 号晶粒视为细晶粒。其他金属如 Cu、Al、Mg 都有晶粒粗细之分。

50. 除去温度外，有什么因素会影响晶粒长大？

细小的 Ti、Zr、V 等的碳化物和 Al_2O_3 与 AlN 小粒子在钢水凝固过程对抑制奥氏体晶粒长大有阻碍作用，大颗粒的碳化物和氧化物则无此作用。在热处理过程中，温度高的影响是第一位的，保温时间长短有影响但属于第二位。

51. 钢的奥氏体晶粒度对热处理的效果有何影响？

钢的奥氏体晶粒度对正火、退火、淬火和回火的效果都有明显的影响，晶粒粗细对正火和退火热处理后的影响比较：粗晶的珠光体层片间距离（反映珠光体的粗细）大，细晶的小；对低碳钢而言粗晶的硬度和屈服点高，细晶的低；亚共析钢中自由铁素体在粗晶钢中较少，细晶的较多；切削表面光洁度一般粗晶的差，细晶的好；粗切削时切削性是粗晶的好，细晶的差；粗晶粒钢的常温韧性较低，细晶的较高；抗蠕变性（＞450℃）粗晶的好，细晶的差；在＜450℃时刚好相反，粗晶的差，细晶的好。

钢的晶粒度对淬火热处理效果的影响：因粗晶粒钢芯部共析转变较慢，故易淬透，而细晶粒的不易淬透；淬火内应力一般粗晶的大，细晶的小；粗晶粒钢的开裂与研磨裂纹的倾向大，而细晶的小；此外粗晶粒钢的回火韧性较低，细晶的回火韧性较高。

52. 如何测定奥氏体的晶粒度（指奥氏体未发生相变之前的晶粒大小）？

通常可采用两种方法测定其晶粒度。第一种为利用前共析的析出物显示奥氏体的晶粒，因为在正火或者退火条件下奥氏体发生共析转变之前的析出物是沿奥氏体晶界上析出的，包围了奥氏体，对亚共析钢来说前共析出物是铁素体，对过共析钢来说则是 Fe_3C，经酸浸后在显微镜下，铁素体和渗碳体都呈白色环形，而珠光体或索氏体在中央呈暗黑色。第二种方法为局部淬火使奥氏体发生半转变测定法（用于接近共析成分的钢），将试样加热到完全奥氏体之后，使下半部浸入水中，待完全冷却到室温，提出试样打断后磨光浸蚀，在显微镜下观察，则可见针状马氏体四周由黑色团粒状珠光体包围着，以显示奥氏体晶粒大小。

53. 如何对低碳钢和低合金钢鉴别其粗晶或细晶的倾向？

通常用渗碳法，将试样埋入渗碳剂中（C：$BaCO_3$＝6：4），加热到 925～930℃保温 8h 后，在炉内缓冷到 A_{r_1} 附近，停留 0.5h 然后随炉冷或不脱箱冷到室温，经抛光后在显微镜下观察，可由网状渗碳体显示在 925～930℃ 奥氏体的晶粒大小。因为在此温度渗碳过程中，本质粗晶粒钢会变成很粗的奥氏体晶粒。而本质细晶粒的钢则还没有达到其突然粗化的温度范围。

54. 在没有标准图片的条件下，如何对钢的奥氏体晶粒定级？

通常是对照国家标准图谱确定钢中奥氏体晶粒度的级别，共分为八个级别。英国皇家学院的金属专家曾推荐过一种非图片的定级法，即将试样磨平抛光浸蚀，冲洗吹干后，在显微镜下放大 100 倍观察数晶粒，按公式 $\frac{n}{S}=2^{N-1}$，其中 n 为晶粒数，S 为所占面积，单位为 in^2（$1in^2=0.0006452m^2$），得出 8 个等级奥氏体晶粒度相对应的奥氏体晶粒数，以 N（1～8）作分级质数。对于工具钢也可以利用淬火马氏体与奥氏体位向的一致关系，来识别奥氏体的晶粒大小、多少以判定奥氏体的晶粒度，作法为先将钢样淬火，打断磨平，抛光成金相试样。配制浸蚀液（苦味酸 1g，浓盐酸 5mL，加入 95mL 的酒精中）。轻浸蚀轻抛光，交替浸蚀几次，使各区域的马氏体显示出颜色深浅不同，即代表奥氏体的晶粒状况，如深浅色泽差距不明显，可以将试样低温回火一次，然后抛光，反复浸蚀，用低倍显微镜放大 100 倍，白光下观察之。如表 5-5 所示。

表 5-5　钢的晶粒定级表

晶位数范围/in²	平均晶位粒数 n	质数 N	晶位数级别	粗细类别
最多 1.5	1	1	1	粗晶
3～1.5	2	2	2	粗晶
6～3	4	3	3	粗晶
12～6	8	4	4	粗晶
24～6	16	5	5	粗晶
48～24	32	6	6	细晶
96～48	44	7	7	细晶
最少 96	128	8	8	细晶

注：根据本书作者的实验，对一般钢样可用 5％硝酸酒精溶液浸蚀，对于水韧处理良好的高锰钢（Mn13％）之类的纯奥氏体钢，为显示其纤薄的晶界可用 3％～5％的王水酒精溶液浸蚀。

55. 金属中内应力的基本概念是什么？

金属中的内应力按照规模大小可以分为三类：第一类为宏观应力，当金属受到冷加工（如冷轧、冷拔、冷冲）或快速冷却时，在其表面到中心部位发生的内应力；第二类为金属组织中由于某些原因使原子点阵（晶格排列）畸形，导致晶粒之间受到应力，称作组织内应力或显微内应力，第二类的显微内应力也发生在合金或两相组织中，如珠光体中的共析渗碳体组织内应力，而纯金属特别是立方晶系的，虽然各晶粒的方位不同，但胀缩率是一致的，因而不发生组织内应力。但六方晶系的纯金属如 Zn、Cd，因其 c 轴与 a 轴方向的胀缩系数不同，易发生显微组织内应力。第三类内应力多发生在置换式或间隙式固溶合金中，当溶质和溶剂内的原子半径（体积）相差较大时，可使某些晶面的原子排列不规则而产生内应力。也有欧美的一些金属学专家把第三类并入第二类显微组织内应力。

以上三种内应力其实际上同时存在于金属的某部位或某一点上，多数情况是在金属受外力作用发生范性形变之后，例如金属板或棒的一端上部受向下的压力，中央受向上的推力，中部上表面受最大拉力，中部下表面受最大压力，上下都发生范性形变（中心未发生范性形变）。去掉外力后，试样棒会留下三种应力，进一步说明是因为金属的弹性形变（杨氏系数）和范性形变在晶格的不同方位是不同的，因而除宏观应力之外，同时发生第二类显微内应力。

56. 如何解释金属淬火形成内应力？

当金属从较高温度冷却下来时，无论怎样缓慢降温，金属的外部和内部都会发生内应力，这种由于冷热变化引起的内应力可称为热应力。至于将金属淬火，则更是引起发生大的热应力和相变应力，淬火内应力是两种应力连续交织变化的结果，由于外向各部连续发生马氏体转变时，都发生体积胀大，此变化由内向外连续发生。实际上各层是相继发生温度变化和马氏体转变，使体积和应力变化复杂了。金属外部承受交替的拉压应力，当张应力超过金属极限强度时，则金属的表面开裂。

影响淬火内应力的因素主要包括：化学成分尤其是碳含量与淬火应力成正比，进而影响 M_s 点的高低；冷却速率与内应力大小成正比；断面厚度与内应力大小成正比；加热的均匀性好坏与内应力大小成正比；淬硬度大小与内应力大小成正比；晶粒大小与内应力大小成正比；淬火介质的种类和温度、构件的结构、淬入方式等其他因素也会影响淬火内应力。

57. 何谓马氏体逆变？

某些马氏体不锈钢如 0Cr13Ni4Mo、0Cr13Ni6Mo、0Cr17Ni4MoCu 在固溶正火处理后，具有板条状马氏体组织，在回火过程中有 $5\% \sim 20\%$ 的奥氏体沿马氏体板条束界和板条之间形成。这种奥氏体是回火过程中由马氏体转变而成，故名为马氏体逆变奥氏体，这类钢不仅强度高，而且有相当的可塑性，这种奥氏体初期呈薄片状，随温度的升高或时间的延长，奥氏体数量增加，聚集成块状，试样经硝酸或盐酸酒精溶液浸蚀后，如图 5-13 所示，在显微镜下可见块状白色逆变奥氏体夹杂在暗色的板条马氏体之间。

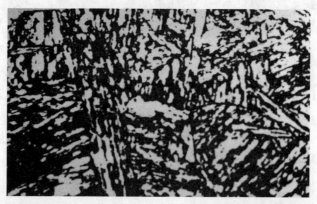

图 5-13　马氏体逆变奥氏体显微形貌（95％酒精、5mL 盐酸、1g 苦味酸溶液浸蚀，×500）

在有色合金中，也有马氏体逆变的规律，如含铝 10％ 的铸铝青铜（Sn＝0％，并非青铜必含锡），铸态组织为 α＋β，当从 565℃ 以上退火缓冷过程中，在 565℃ 时，β→α＋γ_2 共析的混合物，再经 350℃ 回火时，马氏体分别回归成小粒状 γ_2，并均匀分布在 α 基体上（即 M→α＋γ_2），却使该青铜的强度、耐蚀性和切削性都得到改善。

58. 板条马氏体因为什么发生逆变？

板条马氏体的一部分回火过程中发生逆变成奥氏体已是事实，从电子显微镜暗场照片中，可见未转变的板条马氏体（暗黑色）被已经转变成的逆变奥氏体（白色）薄片所包围，由此可知该部分板条马氏体发生逆变是从其晶点阵的表层开始的，这也说明逆变奥氏体之所以存在于板条马氏体和板条束之间的原因。为什么逆变从板条马氏体表层开始。在回火时该表层的相变点已由原先的 A_{c_1} 下降到 A'_{c_1}，否则不可能发生马氏体向奥氏体的相变，造成 A_{c_1} 下降的必要条件是这部分板条马氏体的表层在回火热骚动影响下，不可避免地发生各类元素的浓度起伏，只有表层 Ni 原子浓度增高，其次是 Mn 和 C，才发生 A_{c_1} 降低，从而给表层首先转变形成奥氏体以必要的条件。随后由于板条马氏体内固溶 Ni 原子等浓度减少，其晶格常数发生变化，随着回火时间的延长发生热激活原子扩散，便由其原先的体心长方柱形向面心立方形演变，电子衍射表明逆变奥氏体与板条马氏体之间存在着共格关系。以上对于马氏体在回火处理时发生逆变成奥氏体的机制的认识或论点，固然有一定的科学根据，但不排除其他机制，因为这仍是唯一值得研究的理论问题。

59. 氧气在铝和铜中的溶解度有何规律？

氧气在铝和铜中的溶解度遵从下列公式 $S＝K_0 e^{-\Delta Q/2RT}\sqrt{P}$，其中 S 为气体在金属中的溶解度；P 为金属的分压力；ΔQ 为气体的溶解热；T 为金属的热力学温度；R 为气体常数；K_0 为常数。当金属的温度一定时，公式变成 $S=K\sqrt{P}$，由公式可知双原子 H_2 在金属中的溶解度与 H_2 的分压平方根成正比。金属吸气多为吸热反应，即 $\Delta Q>0$，H_2 也不例外。溶解度随温度 T 的升高而增加，熔点以上的温度 S 值猛增。

60. 氧气和氮气在钢中的溶解度有何规律？

对于纯铁和低碳钢来说，熔点温度时，溶解 H_2 近于 0.0025％，当温度一过熔点则 H_2 的溶解度迅速上升。在 1600℃ 以上的钢水中 H_2 和 N_2 的溶解度均可达到或超过 0.04％。H_2 在固态钢中，如 γ 铁（奥氏体）1300℃ 时溶解度为 0.001％，而 N 在 γ 铁中的溶解度则比 H_2 大很多，在 900～1300℃ 使可达 0.025％。钢水中的 C、Si、Al 的含量增高则 H_2 的溶解度降低。钢水中 Ti、No、V 的含量增多时，N 的溶解度升高。钢水中 Mn、Co、Ni、C、Cr、Mo 的含量对于 N 的溶解度无大影响。

61. 对钢铁材料做金相组织检查如何防止发生假象？

在生产实践中，用光学显微镜观察钢或铸铁组织时，确实容易发生由于假象而得出错误的结论，有些错误的结论曾经造成严重的后果和影响，常见的错误包括：误将错误试片的球形水痕当作球状石墨；误将含硫高的铸铁试片中球状硫化铁当作球状石墨；误将钢材或铸铁试样中硬质夹杂物（如 Al_2O_3）因机械抛光时脱落遗面上的小坑，认为是其他夹杂物；误将软质块状夹杂物在制片时因局部变形，显示成蝌蚪状的夹杂物；误将高锰钢中沿奥氏体晶界析出的薄层碳化物与真正纤细奥氏体的晶界相混淆；将珠光体或铁素体与渗碳体相混淆等等。

针对如上所述的易于发生的因假象所引起的错误，可采用如下方法进行预防：避免有水痕造成的假象，应采用纯度高的酒精充分冲洗，迅速热风吹干。注意区分石墨与水痕在白光和暗场下的色泽不同；注意区分硫化铁与石墨在白光和暗场下的色泽不同；在白光下调节显微镜头的伸缩距离，若黑点忽大忽小"眨眼"者，必是夹杂物脱落的小坑；发现蝌蚪形暗色夹杂物和小坑时，重新用细砂纸磨平，重新抛光；如果采用机械式磨盘抛光机，在抛光时不断旋转试片（顺时针和逆时针方向交替），不宜固定不动，以免单向摩擦；真正的奥氏体晶界是很细的，须反复抛光，交替浸蚀才容易显示，反之如晶界上析出薄层网状碳化物，由于碳化物与奥氏体边界极易受浸蚀变暗色，遮盖了薄层网状碳化物的本身不易受浸蚀的白亮色泽，故"晶界"较宽者，必有网状碳化物析出，不是纯洁的奥氏体晶界；在浸蚀金属试片时如果浸蚀剂浓度过高，或浸蚀时间过长，常使某些位向的铁素体过度受蚀，在低倍放大时显示出貌似珠光体的色泽。须掌握操作，并用高倍区分；碳化物与铁素体经浸蚀后在白光下色泽略有差异，必要时用偏光观察之使碳化物凸起，以示不同。

62. 制备铸铁金相试样，如何保持石墨的本来面貌？

石墨是铸铁中最重要的组成部分，无石墨就不成为铸铁，就不具有铸铁的特性，但在用显微镜检查铸铁组织前，制备完好的铸铁金相试样，却并不容易，问题是铸铁中石墨常脱落，而失去本来的面貌和色泽。制备良好的铸铁金相试样，在显微镜白光下，石墨是淡灰黄褐色，制备不良的试样其中的石墨被拉出去了，使其全部区域变成黑色。如何制备完好的铸铁金相试样，据作者多年的经验，提出如下措施。

（1）不可像制备其他金属试样那样先用砂轮磨平，因为砂轮磨平过程会使铸铁中石墨松动，给以后磨光时造成石墨脱落的隐患。

（2）最好是用机械加工切割试样，然后从 200# 砂纸磨起并注意常将砂纸上的磨粉弹净，一直磨到 1000# 的细砂纸。

（3）如果用机械抛光转速以 600r/min 为最佳，不用氧化铬做抛光剂，因易使石墨被抛掉，最好使用超细氧化铝（用化学纯的硫酸铵铝，放坩埚中在 920℃ 马弗炉中煅烧而成）或氧化镁，前者抛光快，二者皆不容易使石墨被干扰。将 50g 的氧化铝粉与 100mL 的水混合成粥状，取 15mL 的溶液洒在抛光布上（抛光布最好用法兰绒），用手指将抛光液压入布纹中，抛光时间一般不超过 2min。

（4）抛光过程使试样逆转盘的转向，不断旋转之，有利于防止石墨被拉出，每次抛光后应保持抛光布纹不被弄乱。

63. 采用电解抛光制备金相试样有何优越性？适用范围和应注意的技术因素是什么？

电解抛光比机械抛光最大的优越性是避免试样被抛光剂中大的磨粒或试样脱落下来的磨屑划出刻痕（所谓道子）；只要设计好技术参数，不需人工操作的技巧，操作人员可定时观察；电解抛光抛光时间较短，一般是几秒至几分钟。

电解抛光的适用范围：除铸铁之外，其他金属材料如钢、铸铁、铜、铝、镁、锡、锌、镍、钴和铅都适于电解抛光，尤其是奥氏体钢、铁素体钢和柔软的有色金属合金，凡是用机械抛光难于避免抛出划痕的金属材料，最适宜采用电解抛光。铸铁在电解抛光时，铸铁中的石墨与金属基体的边界处有较大的电流密度，发生明显的浸蚀，使石墨失去应有的色泽而变黑，故检查铸铁金相，不宜采用电解抛光。

电解抛光应注意的技术因素：根据不同的金属材料有的需要控制电压，有的需要控制通过试样的电流密度；适当电解液的选择；电解液的温度和新老程度；试样尺寸和磨平情况和抛光时间。

64. 非晶质金属是怎样形成的？

按照金属结晶生核的理论计算，对晶质金属须在极高的冷却速率条件下才能形成，已知镍铜银铅在冷却速率超过 $10^{12} \sim 10^{13}$ K/s 才能无晶核生成，而形成非晶质金属。对于晶体金属用高能辐射方法，也可使某种化学成分的有序晶体点阵变成无序的原子自由状态。非晶质金属的性能特点主要包括：有超导电性；容易磁化（即矫顽力很低）；极好的耐蚀性；无成分偏析；常温下有一定的强韧性。归根结底，诸性能都与无晶（即无位相和无晶界）有关。

65. 如何防止滚珠轴承组在使用过程突发噪声？

通常机器中所用的滚珠和轴承是高碳（0.9%）低铬（1.5%）锻钢经机加工、粗磨、淬火-回火和精磨等工序制成，合格的硬度应＞55～62HRC。在使用一段时间之后突发噪声时，操作者常以为是滚珠碎了，其实多数情况下是因为部分滚珠表面局部剥落之后形成麻坑使球面凹凸不平，在运转中诸滚珠相互咬磨而发出噪声，而且持续不断，甚至噪声越来越大。

为何滚珠表面局部剥落。经研究发现大批量淬火热处理之后会有少数滚珠表面存在软点，软点的硬度多在 HRC500 以下，即软点处不是所要求的马氏体组织而是屈氏体。带有数量不同的软点的滚珠在使用过程中，软点成了疲劳剥落之源，进而导致临近球面剥落。

为何部分滚珠表面发生软点。经研究认为是成批的滚珠在淬火过程中，有少数滚珠表面局部附有水汽而延缓了气泡下球面的冷却速率，导致由奥氏体转变成屈氏体，形成局部软点。

如何避免发生软点。经研究和生产实践证明采用 5%～10% 的盐水作淬火冷却剂，可加大激冷程度，同时可使滚珠初入冷却剂中时表面沾覆一薄层盐，在随后的冷却降温时，盐膜破裂带走可能附在其外的小气泡。另一方面，与钢材质量纯洁的程度，即钢材中显微夹杂物的多少也有关系。国家标准（冶标）要求滚珠轴承钢中的显微夹杂物应低于二级。因为夹杂物也是滚珠疲劳剥落之源。故特殊用途的滚珠轴承用钢需经电渣重熔精炼，尽可能地把显微夹杂物降到极限程度。

66. 什么是密烘铸铁？

密烘铸铁是 20 世纪 40 年代初期英国一家名叫密烘机械有限公司（Mihueng

Machinery Co. Ltd）以独有的熔炼、孕育技术生产的一种灰口铸铁，笔者发现该铸铁显微结构中的石墨 A 型片短粗而钝，力学性能较一般的灰铸铁高，密烘铸铁的拉伸强度≥380MPa，弯曲强度≥600MPa。密烘铸铁曾是一种具有专利性质的先进的灰铸铁，密烘公司使用硅钙＋硅铁做孕育剂，采用独有的孕育机械，严格控制硅铁粒度和数量，均匀地对出铁流进行孕育处理，从而使密烘铸铁的石墨形态独具风格。后来，美国、日本和前苏联的一些铸造企业也研究灰铸铁炉前孕育处理技术，日本和美国曾发表命名为芋虫状石墨的铸铁（将石墨形状比喻为苞米虫的肥钝形态），前苏联工厂则把冲天炉前用硅铁孕育处理的铸铁统称孕育铸铁。后来，蠕虫状石墨铸铁的生产逐渐兴起，尤其在欧洲被广泛用于汽车等行业。

密烘铸铁在国际和国内曾享有盛名，20 世纪 50～60 年代上海新中动力机厂成功地用密烘铸铁生产大小曲轴，并发展成低合金（Ni、Mo、Co）孕育铸铁。密烘铸铁的石墨形态和力学性能与现代的蠕墨铸铁有相似之处，但其孕育剂不同于蠕化剂，属于孕育灰铸铁的范畴。

67. 如何提高大型钢锭模的使用寿命？

钢铁企业每年消耗大量钢锭模，其使用寿命影响因素很多，在实际应用中，如钢锭模仍采用灰铸铁，则须加大钢锭模的壁厚；若不加大钢锭模的壁厚，则须将材料换成蠕墨铸铁，虽然蠕铁的导热性略低于灰铸铁，但灰铸铁中片状石墨的尖端是引发热应力集中而发生热疲劳裂纹之源。优良的蠕墨铸铁具有蠕虫状圆头石墨，可避免灰铸铁的这种缺点，而且蠕铁的力学性能高于灰铸铁，当代印度和欧洲一些钢厂已对用蠕铁制造大型钢锭予以重视。球墨铸铁等温淬火后确实具有高强度（拉伸强度≈1000MPa，屈服强度≈750MPa），适中的延伸率（7%～8%），较高的硬度（HRC35），但用于制造重载荷的反复拉压应力条件下的齿轮，在使用过程中突然断齿是理所当然的结果，因为球状石墨本身就是金属基体上的一种大夹杂物，他必然成为反复拉压应力条件下一个疲劳断裂源，应避免将球墨铸铁用于类似的工况条件，这类工况条件还是采用高纯洁度的锻压钢材，以确保使用的长寿命。例如：用 18CrMnTi 钢渗碳淬火工艺就是成功的选择。

68. 在钢铁中公认是有害因素磷和硫有无可利用的途径？

磷在钢铁中被认定为有害元素是因为当铁水中含 P 接近或大于 0.3% 时，在凝固过程中容易生成三元磷共晶 $Fe_3C \cdot Fe_3P$（含 P 6.89%，C 1.96%，Fe 91.15%）。此磷共晶又脆又硬，严重损害钢铁的强度，特别是降低材料的冲击韧性，通常含磷＜0.1% 的铁素体球墨铸铁的冲击韧性值＞70J/cm²，当 P 含量≥0.3%，则使其冲击韧性值降低 10 倍。另一弊端是灰铸铁和球墨铸铁的铁水在凝固过程中的膨胀会使富磷的未凝铁水向四周晶间浸渗，导致铸件热节缩松，而非缩孔，很难用铁水补缩。

铁水含磷接近或大于 0.3%，之所以生成三元磷共晶，从结构方面可理解是有少量磷原子置换部分渗碳体中的碳原子，因为二者的电子层排列很接近（P 是 s^2p^3；C 是 s^2p^2）。二者的原子半径也相差不多（P 为 0.109nm，C 为 0.077nm），在元素周期表中的位置也很接近。对比 Fe_3C 与 Fe_3P 形成机制可以发现：磷共晶的熔点较低（953℃），当铁水凝固后期沿奥氏体晶粒界以夹角菱形析出，脆化了金属基体，可见形成三元磷共晶不仅是含磷高而且需要渗碳体这个因素，故用镁生产球墨铸铁时，要求铁水含磷<0.1%，否则易生成三元磷共晶而损害力学性能。

生铁中磷元素源于铁矿石，脱磷需高碱性渣低温（因生成 P_2O_5 是放热反应），还原性气氛、低碳硅条件，这些冶炼条件使高炉炼铁和冲天炉熔铁无法操作。故有些地区（如山西）出产的生铁常含磷 0.2%～0.6%，超出国标很多，但又不应废弃资源，可以从以下方面研究来利用于生产：既然加镁处理易生成三元共晶，干脆用于生产球状石墨的可锻铸铁，即用略高的含硅铁水（Si<1.6%～2%）加 Mg（或稀土镁合金）处理，不加孕育墨化剂，使成白口铸坯，经 900～920℃ 石墨化 2～3h，炉冷，或于 720℃ 使珠光体中共析渗碳体石墨化，保温 4～6h，空冷，获得铁素体＋珠光体基体和球状石墨，称为球墨可锻铸铁，具有中等强度（σ_b＝40～450MPa）和中等韧性。也可以用含磷 0.3%～0.6%的生铁熔铸无冲击负荷的各种耐摩擦磨损的铸铁件，如犁镜（挡土板），有润滑摩擦条件的动力机械的气缸套，干态摩擦条件的刹车闸瓦，也可附加其他元素生产低合金灰铸铁用于精密机床的导轨等，已有实践证明性能良好。

硫也是公认为钢铁中的有害因素，通常其危害在于生成 MnS、FeS，尤其是 FeS，其熔点 1173℃，在钢水或铁水凝固过程中沿奥氏体晶间析出，损及性能。通常在铸铁中同磷一样被限定在≤0.1%，在钢中限定≤0.04%。据笔者实验研究，曾获得如下结果：当铁水中 C＋Si1/3≈3%、S/Mn 比值≈2 时不需要加镁处理，铸态可得壁厚≥100mm 的白口铸坯，经 950℃ 退火 6～8h，炉冷，可得到球状＋近似球状的石墨＋80%的珠光体基体组织，拉伸强度 500～600MPa、HB200，命名为高硫珠光体球墨可锻铸铁。又因显微组织中有条形 FeS 与共析 Fe_3C 并存，在实验室干摩擦条件，也显示较优的耐磨性。

69. 何谓正常钢与反常钢，二者之间有何区别？

所谓正常钢与反常钢是做显微组织检验时而得以命名，当金相检验时，钢的显微组织符合一般的生成规律，或者说显微组织符合标准形态，人们称之为正常钢。如过共析钢在退火或正常处理之后，显微组织由于连续网状的碳化物包围着珠光体，则称为正常钢，若碳化物呈现断续块状，包围着一圈铁素体，铁素体包围着珠光体，则称为反常钢。

70. 高锰（13％）钢铸件为何在使用过程有时也发生断裂？如何防止？

老牌号的高碳高锰奥氏体钢，本身具有高强度（$\geqslant 600MPa$）、高冲击韧性（$\geqslant 120J/cm^2$），素以抗冲击磨损著称，但却有时也发生在使用中断裂的情况，据作者的实验研究发现：在制造厂生产铸铁过程中，铸件内部尤其在热节处发生了肉眼看不见的微小的内裂纹，未经检验（如超声波）而定为合格产品，这类潜裂纹在使用过程中逐渐扩展到铸件表面，引起突然断裂。此外笔者解剖断裂件时发现：钢水中的硅、锰、铁等氧化夹杂物较多，铸件凝固过程偏析集聚于铸件热节处，必成为产品使用过程中的隐患。

如前所述，高锰钢的力学性能是很优越的，但高锰钢的物理性能中的导电性比普碳钢小 4～5 倍，线收缩率比普通钢大一倍左右（普碳钢 1.6％，高锰钢 2.8％）。这就使高锰钢生产铸件时，因工艺因素引发铸件裂纹，如铸件圆角过小，或砂型过硬、或铸件特粗晶粒、或铸件脱箱过早（高于 200℃）、或热处理时升温过快（应在 650℃ 以下阶段，每小时升温 80～100℃），以及淬火前铸件降温太多，造成网状碳化物析出等不良操作，均易使高锰钢铸件发生断裂，但明显的热裂在铸造厂可以看得出，使废品不能出厂，通常可占废品率的 40％～50％，其他因素以冶炼时钢水含碳过高，或硫磷过高也是引发铸件易裂的原因，这仅是化学成分择优的问题了。

71. 能否使白口铸铁在最短的时间内变成黑心可锻铸铁？

应该说可以做到，作者曾经使壁厚 20mm 的白口铸铁在 990℃，1h 内变成黑心可锻铸铁，断口完全墨黑，经显微镜下检查，所有的回火碳都成点状，而不是团絮状，小颗粒及回火碳的颗粒数比一般黑心可锻铸铁中团絮状回火碳多几十倍，甚至上百倍，分布在铁素体的基体上。

热处理方法是先将白口铸铁从 850℃ 的高温淬入水中，然后在 920℃ 的热处理炉内保持 1h，随炉冷却，或出炉冷却至室温，即可得上述结果。其机理也很明确，白口铸铁自 850℃ 以上淬火激冷时，造成大量的原子位错或者说造成大量的亚微观小裂纹，这些小裂纹的表面能在随后的 920℃ 退火过程中都促成了大量的石墨化的核心，缩短了渗透体分解与碳原子扩散的行程，因而在极短的时间内变成多颗粒回火碳的黑心可锻铸铁。

72. 对高锰（Mn≥13%）钢的试块和试棒进行机械加工十分困难，有无改善其加工性能的办法？

高锰钢之所以难于机械加工是由于其特有的加工硬化性能，实践证明含锰7%～16%奥氏体钢在受到冲击力或剪切力时会发生奥氏体向马氏体的转变，硬度可上升到 HV700，表现出机加工困难和突出的抗磨损性能，后者也正是高锰钢经久不衰的特性所在，笔者曾对矿石挖掘机所用的斗齿在使用之后测量表面硬度，得知凿头硬度 HB400，中部 HB350，根部仍是原有的奥氏体硬度 HB150。证实了高锰钢铸件的加工硬化程度与受力大小的关系。通常高锰钢铸件不需机加工，管道弯头有需加工。

为改善高锰钢（试块等）的机械加工性能，可以从以下方面采取措施：首先是在 600℃的热处理炉中，长时间保温（保温时间长短与奥氏体晶粒大小成正比），使奥氏体基体转变成珠光体组织，进行机加工后，再重新水韧处理成奥氏体组织。其次可以研究改变硬质合金刀的角度，加大吃刀深度以避开已发生的硬化层。

73. 当代主要精炼钢水的技术是什么？

当代各国（包括我国）主要的精炼钢水的手段（设备和操作）有三类，对于生产普碳钢和低合金钢（钢锭或铸件），公认最经济和操作简单且效果不错的手段，是采用钢包精炼炉（代号 LF），电弧炉只管熔化和氧化脱碳，精炼脱硫、脱氧、脱磷等任务由 LF 炉完成，提高电弧炉的生产率。对于生产超低碳（低 H_2，低 O_2，低 N 的）不锈钢锭和铸件，广泛应用的是非真空的氧氩混吹技术（代号 AOD），已占各国不锈钢产量的 60% 以上，此外，有真空氧脱碳（代号 VOD），国内习惯称作真空碳脱氧，是较早的另一种精炼手段。生产超低碳不锈钢，除去 AOD 和 VOD 之外，迄今没有其他更优越的技术手段，这两类技术装置都是与电弧炉串联的"炉外精炼"技术。此外，具有精炼钢水（主要是清除显微夹杂物），并使材料各种力学性能没有方向性差别的手段是电渣重熔设备，但只能用同牌号的钢材做原料，重熔后在钢质水冷结晶器中定向凝固结晶，使普通钢材中的氧化和硫化等夹杂物极大地减少。

74. 对金属材料做压力加工成型的方法中，何谓热加工、半热加工和冷加工？

工业中对金属材料（黑色和有色）做压力加工有多种方法，例如：压延、锻造、冲压等。如图 5-14 所示。

压延也称轧制，其任务是使金属变形：包括从大直径 D_0 变成小直径 D_r；

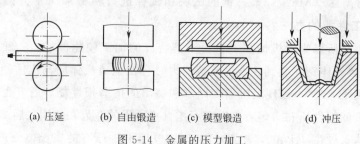

| (a) 压延 | (b) 自由锻造 | (c) 模型锻造 | (d) 冲压 |

图 5-14　金属的压力加工

从方形截面变成椭圆形；从椭圆截面变成正圆；从厚板变成薄板等，因为被压延金属材料的行走近似于轧辊工作的速度，因此压延的生产效率很高。

锻造是用冲击力使金属材料变形的工艺方法，分为两类：用锤头直接打击金属材料使其变形，称为自由锻造；用模具冲击金属材料，使其按模具的形状变形，称为模型锻造。

冲压是指用冲头或冲芯，使金属材料被冲成预期的形状，如杯形、管形或棒形等，如产品为棒形则叫拉引抽丝。

热加工、半热加工和冷加工的区分并不单纯指加工温度是否为室温，严格来讲是指在加工时，被加工的金属材料有无发生重结晶，对钢来说，热加工通常在 A_{c_3} 温度以上 150～200℃，即 1100℃以上，开始加工使其变形，在变形的同时，钢材内部会发生重结晶，锻打的速度越高，热量散不出去，钢材越易发生结晶，通常停锻温度在 900℃左右，如停锻温度过低，比如在 600～700℃ 才停锻则钢材的变形超过重结晶的作用，则称作半热加工。如加工变形，是在更低或室温条件下进行，则钢材或其他金属不能发生重结晶，则称作冷加工，冷加工时金属的晶格（或叫点阵）发生畸变，黑色金属材料发生硬化，强度增加，韧性降低。但有色金属，如铅、锡、锌等在室温加工变形，也不发生硬化，因在 20℃时变形也发生重结晶，因而，对这些金属进行变形加工仍可称作热加工。

75. 如何解决高铬铸钢件大批开裂问题？

高铬钢是指以铬为特殊合金元素，以 C、Si、Mn、S、P 为基础，无镍元素的铸钢。当碳含量≥0.2％，铬含量≥15％的条件下，铸态显微组织为铁素体＋网状碳化物。代表性的钢号是 20 铬 17％，50 铬 28％之类的耐酸钢（通常称 50 铬 28％为耐酸铸铁）。开裂的原因是粗大的晶粒＋网状碳化物。脆弱的晶界在应力集中的条件下发生冷裂（常温左右，开裂）。

变质机理：采用钛 0.3％＋硼 0.05％＋稀土 0.25％作变质剂，通过钛消耗掉 0.2％的碳（生成 TiC）。硼和稀土元素形成 BC 和 CeO_2 的小粒子分布在细化的铁素体晶界上，强化了晶界，TiC 以独立分散的小方形颗粒存在于被细化了的铁素体晶粒内。

76. 如何提高机床导轨的耐磨性和保持机床的持久精度？

通常认为机床导轨的工作条件和动力机械中气缸套的工作条件都属于减磨条件。所谓减磨是一对摩擦副之间有层油膜的摩擦条件，当油膜发生破断时，摩擦副迅速发生磨损。油膜不断，则相互很少磨损，故称为减磨。摩擦副直接接触发生摩擦，称之为耐磨，摩擦副之间有固体粒子（介质），称之为抗磨（磨料磨损），兼有冲击力称之为冲击性磨料磨损。为使机床导轨面上油膜不断，需要两个条件：有凸起的硬质小岛；有凹陷的小孔。实现第二个条件最适宜的是有均匀分布的块状小型化合物（如 TiC），石墨本身有润滑性，可以是有利条件之一，同时有减震作用。所以机床导轨皆用灰铸铁铸制。另一条件是该铸铁的金相组织应是 98% 以上的细珠光体以利于不易磨损（不可有 5% 以上的铁素体）。为了满足以上条件，经多年研究加生产实践证明：导轨用的铸铁化学成分为 C 2.8%～3.2%，Si 2.5%～2.7%，Mn 0.8%～1.2%，P，S 均可在 0.15% 左右，Ti 0.3%～0.4%，V 0.15% 左右，Cu 0.1%～0.2%。

铁水在凝固过程中，VC 和 TiC 先从铁水中生成，VC 为小粒子状，Ti 为小方块状，二者均可以成为奥氏体结晶的核心，按碳的当量（C 3%＋1/3 Si2.6% 计）为 3.8%，不到 4.3% 共晶点，应属亚共晶灰铸铁，继 VC、TiC 之后结晶成固体的应是奥氏体，不是粗大的初晶石墨，由此可见，石墨是在奥氏体冷却过程中从晶界上生核而长大成为分布均匀的二次石墨片。铜溶入奥氏体中，当奥氏体变为珠光体时，铜溶入珠光体的共析铁素体，增大导轨的耐蚀性。这种细珠光体基体上散布有凸起的 TiC、VC 小粒子和磷共晶等与凹陷的石墨片相配合，维持油膜不破，有利于导轨面减磨，同时，铸铁材质的强度较大，更有利于增强龙门式的精密机床（如精密镗床）的刚性，避免框架轻微变形而损及精度。

77. 如何解决高硅耐酸铸铁的大量气孔问题？

一般来讲，高硅耐酸铸铁含碳 0.5% 以上，与钢相似，含磷硫达 0.1%，与铸铁相似，不论配料中有多高的碳，熔后铁水中总是碳 0.5%，系因硅碳平衡的关系，碳被排挤上浮到液面入渣。早期的高硅耐酸铸铁废品率甚高，如化工用的泵，叶轮和硫酸蒸馏塔上的铸件经常气孔成群，大如黄豆，小如绿豆，气孔造成的废品率占总废品的 64%～80%，蒸馏塔盖属于壁厚大件，中层气孔夹杂更为明显。这种高硅耐酸铸铁存在大量气孔的问题一直难以解决。尽管这种金属材料缺陷明显，但仍具有被人们所关注的优势，那就是高硅铸铁的耐酸蚀性能，尤其是耐热盐酸腐蚀的性能超过各类高镍铬不锈钢，除去昂贵的钛钼合金之外，似无其他金属可与之伦比，另一原因就是原料丰富而且廉价。生产厂为了减少铸件气孔废品，不得不采用经三次反复熔化，三次反复浇锭，利用铁水冷凝过程放气，在第四次熔化后再进行浇铸铸件的办法，进行生产。即使如此，也只能将气孔致废率降到40%，在现场依然可见浇铸后铸件冒口顶部连续上涨呈蜗牛状。

如要有效地降低废品率，需解决以下问题：即形成气孔的是什么气体，该气体从哪里形成，以及如何控制这种气体来降低废品率。据笔者多年的研究和生产验证，得出如下结论：产生的气体是氢气，主要来源于硅铁合金，添加微量稀土元素可大量减少气孔所导致的废品率。

铈镧等稀土元素是公认的优良的储氢材料，能吸附比其本身质量大数百倍的氢，而氢的原子质量却是所有元素中最轻的，试验和生产实践证明，只需在铁水出炉之前，在铁水包先放置相当该包铁水质量0.1%的稀土硅铁合金（含稀土元素30%）粉体颗粒（粒度3～6mm），然后冲入铁水，静置3～5min后挡渣浇铸就可以获得显著的效果。这种方法具有如下优点：不需反复重熔，反复浇锭，可以一次熔化后浇铸，冒口顶部下凹；铸件的气孔致废率由40%下降到20%；制备出的铸铁（可称为稀土高硅耐酸铸铁的材质）致密度有所提高；而且制备过程中无须使用昂贵的纯稀土元素和合金。需要说明的是：铸件仍需像原来的冷却工艺一样，铸件凝固后，红热开箱，迅速移入900～1000℃的热处理炉中，关闭炉门随炉缓慢冷却到室温，以防开裂。此外上述的稀土硅铁合金的加入量必须准确，不要超过铁水质量的0.1%，绝对不可达到0.2%，大量生产实践证明，稀土硅铁合金达到0.2%时，材质断口变得十分细致，如同非晶质玻璃碴口，反而增大了脆性。

78. 什么叫刮皮实验？

所谓的刮皮试验，是企业为检验铝液或铝合金液是否脱氧良好，继精炼之后，浇铸之前，在炉前进行宏观检验的一种方法，由于方法简便实用，所以被广泛采用。具体做法如下。

(1) 将铝液或铝合金液浇入一个平底圆形（内径80mm），高20mm的矮筒状的铁型中（内刷涂料，烘干），浇成一个ϕ80mm，厚20mm的铝饼。

(2) 铝液的上表面刚凝固之后，用钢片刮掉上表皮。

(3) 肉眼观察圆饼的次表面有无气孔，若光洁无气孔，则说明精炼脱气，去夹杂效果良好。其原理很简单，铝液在型内，从四周和底部向上，向中心凝固，若有气体和夹杂必向上向中心浮起，当刮去上表皮以后，可见其实况。据此道理，铝饼不宜太厚，以免气体和夹杂物聚存于铝饼中部，看不见，直径也不宜太小，太小则铝液过少，有气也不明显。不宜用潮砂型和干砂型，因潮砂型有含水分和透气性的因素，干砂型也有透气性的因素，之所以强调用铁型是为排除铝水在凝固时向型内排气，或从潮型吸气，总之为排除环境的影响，若铝液中有气，只允许气向上溢出，才能准确鉴别精炼效果。

79. 耐候钢是指什么钢？

顾名思义，所谓耐候钢无非是能耐受气候影响的钢，气候的影响无非是冷热潮干，雨雪风沙等，对金属材料来说，干、热有益无损，风沙尚有抛光作用，需耐受的是低温和潮湿环境，可见耐候钢应有低温不变脆、潮湿不锈蚀的性质，显然超低碳高镍钢是最能耐候的，但价格昂贵，用于大气中作结构件不经济。一般认为是低碳、硅、锰、硫、磷、氧含有少量铬、镍、铜的钢，具体化学成分是：C 0.15%，Cr 0.5%，Ni 0.5%，Cu 0.5%，Si $\leqslant$ 0.3%，Mn $\leqslant$ 0.4%，S $\leqslant$ 0.03%，P $\leqslant$ 0.03%，H_2 含量最好 $\leqslant$ 4μg/g，这种成分组合的钢，在常温下，其显微组织是铁素体＋的珠光体，在 -40℃ 的室外环境不变脆，在潮湿的环境中能耐锈蚀。这种钢最适宜的冶炼手段是电弧炉熔化、脱碳、脱硫、脱氧之后转入炉外精炼设备，如 AOD 炉。

80. 时效强化（硬化）与沉淀强化（硬化）是否相同？

两种名词都是用于合金经高温处理激冷完成固溶处理之后，给予一定的温度和时间，或放置于室温经过较长的时间，固溶体过饱和的溶质元素（如 Cu 等），或溶质元素的化合物（如 NbC，VC，MoC 等）都有倾向从合金母体中析出，来降低体系的内能以趋向平衡和稳定。在此过程中溶质元素的原子在温度热激活能和时间的影响下发生扩散，或形成弥散的碳化物微粒子，造成合金体的晶格发生畸变（如间隙原子、空位、螺型和刃型位错等），微粒子的钉扎作用和基体晶格畸变都成为基体合金晶面发生滑移的阻力，结果合金的强度、硬度都升高。20 世纪 30 年代以前，欧美的金属学家对这种现象使用了一个名词"沉淀硬化"（precipitation hardening）。20 世纪 40 年代之后，美国的金属物理学家（麻省理工学院 MeLe 教授）认为沉淀硬化这个名词不够确切，认为只有当溶质元素或微粒子在沉淀体中发生偏聚时，母体才能硬化，但沉淀出来后反而软化了。第二次世界大战之后，美国的金属学家广泛地使用了另一个名词"aging"。其含义就是"随着时间的过去而发生的变化"，汉译为"时效"，美国首先使用了 aging hard-ening，汉译为"时效硬化"。

笔者认为时效强化（硬化）与沉淀强化（硬化）大体上是一码事，都是说合金在过饱和固溶的前提下，随后使之强化（硬化）的方法，有给予一定热能（如250～400℃）较短时间（如2～4h）的人工时效，也可将铸件放置于室温或露天（需经长时间，如半年、一年）进行自然时效。但作者又认为时效硬化强调表达的仅侧重时间的因素，并未概括出合金母体发生硬化的机制，沉淀硬化的概念涉及合金基体硬化的机制，但并没有阐明合金基体的硬化是发生在溶质元素沉淀过程之中还是沉淀之后。常易使人误以为硬化是发生在沉淀之后。所以，作者认为二者对概念的表达上有差异，也各存其理。近年来时效强化（硬化）的使用较普遍，沉淀强化（硬化）使用逐渐减少。

81. 电解抛光金相试片时应注意控制的技术因素有哪些？

与机械抛光相比，电解抛光更适于有色金属和奥氏体钢（不锈钢、耐热钢、高锰钢）、铁素体钢，因为这些金属材料质软，用机械抛光时，很容易发生划痕，损坏试片的本质。也可用于其他类型金属及其合金的金相试片，但对于铸铁不适宜，因为影响石墨本来的色泽。若使用商业一体式的电解抛光机产品，须按其说明书要求对电解液及相关参数进行选择。若为自制电解抛光机可以下列数据作为参考。

首先应是电解池的因素，以试片作阳极浸入电解液，抛光面对着阳极，抛光面若为 $10～20cm^2$，则电解液体积 1kg 为宜，阴极宜大，有利于试片上电流密度均匀和散热均匀，通常阴极面应大于 $50cm^2$。对黑色金属试片抛光，纯铁和铝都可做阴极，以不锈钢做阳极最佳，寿命也较长，阳极面和阴极面的位置只要相对，卧式或立式均可。

电解时需根据样品材质不同选择不同参数，对于铜、钴、锌及其合金，电解抛光时主要控制电压；对于铝、锡、铅、镍、铁及其合金，主要控制通过试样的电流密度。

使用有乙酸酐稀释的高氯酸电解液时，电压 100V，电流密度是主要控制因素，常用 $\geq 2A/cm^2$，抛光时间 15s（电流密度与时间成正比）。使用 5％～10％ 的硫酸电解液时，电流密度 1～2A，抛光 15～20s。对于碳素钢、低合金钢可用类似的电流密度，对于奥氏体钢需将电流密度增多 50％ 左右。

通常，试样的面积为 $10～20cm^2$，先用砂纸磨光到 1000 号。以含碳 0.4％ 的钢退火热处理状态，用高氯酸电解液抛光，电流密度 $0.04A/cm^2$ 为例：电解抛光时间 8min，抛光后减重 10mg。电解液最适宜的温度是 15～20℃。电解液的导电性与温度升高或降低成正比，所以温度升高，则须降低电压。经验证明，当电解液的温度由 15℃ 升到 30℃ 时，则可能生成褐色的阳极表面膜层，超过

30℃，则发生侵蚀和黑色的膜层。电解液温度也不宜低于15℃。

对电解液予以搅拌，可以使阳极和阴极面上发生的热量较快地传导开去，否则，电解液的导电性增大，电流密度也增大，搅拌对抛光时间长短无大影响。当电解液使用一段时间之后，电解液的相对密度因为铁离子或其他金属离子的积存而增大。以乙酸酐稀释的高氯酸电解液为例，使用前密度为 $1.16\sim1.165\text{g/mL}$，使用后升到 1.195g/mL，尚可继续使用。当发现阳极面发亮，则说明电流密度已经偏低，可加入 $<1.0\%$ 的水，或使电解液静置数小时后再用。当电解液密度 $>1.195\text{g/mL}$ 时，说明已完全老化，不能用了。

82. 电解抛光金相试片时应如何选择电解液?

电解抛光对于电解液的一般要求是有稳定的化学成分和较长的使用寿命，在规定的温度下能灵敏地进行抛光。不发生危险，而且价格便宜。常见的电解液包括以下几种。

（1）硝酸电解液　采用密度为 1.42g/cm^3 的硝酸作电解液进行抛光时，电流密度 1.5A/cm^2，也可用乙酸酐或乙酸或酒精稀释后做电解液，用乙酸酐稀释时会产生大量的热，故需用冰水冷却之，实践证明，较好的电解液是硝酸50％＋乙酸酐50％，若加入9％的水，电解溶液宜采用 $1\sim3\text{A/cm}^2$，抛光时间为15s。也可用乙酸稀释，稀释时不发热，无需水冷。最好的组成是硝酸40％～50％液中含自由水14％～17％，电流密度大于 1A/cm^2，抛光效果较前者差些，采用酒精稀释时，须将硝酸加入酒精之中，最好的组成是硝酸10％，控制电流密度为 1.5A/cm^2，抛光时间是15～20s。总之，硝酸电解液是一种较好的电解液，较便宜，且对试样中夹杂物的侵蚀较轻微。

（2）高氯酸电解液　可以用乙酸酐或乙酸或酒精稀释，用乙酸酐稀释时，发生大量的热，须在冰水中冷却，以防爆炸。优点是有较宽的电流密度范围，还有较好的阳极覆盖性能，但价格较贵。用乙酸稀释时，发热量很少，无需冷却，用酒精稀释高氯酸时，不发热，可以快速稀释配制，缺点是容易挥发，该电解液的成分易改变，用酒精稀释的高氯酸电解液几乎没有黏性，因而对阳极面的覆盖能力很低，在抛光时，应使试样与阴极距离越近越好，可采用电流密度大于 2A/cm^2，抛光时间为15s。

（3）铬酸电解液　铬酸是有力的氧化酸之一，含水25％，制备电解液时，可以乙酸酐稀释，一滴一滴地加入铬酸之中，同时以冰水冷却之。实践证明，最好的组成是铬酸20％＋乙酸酐70％＋水10％，电流密度 $0.1\sim2.0\text{A/cm}^2$，有适宜的黏性，对阳极有较好的附着性能，也可用乙酸稀释，稀释过程不发热，无须冷却，适宜的组成是铬酸20%＋乙酸80%，采用电流密度0.5～2.0A/cm²，抛光效果良好，此溶液中不含水分，其对阳极面的附着性能不如前者好。

（4）磷酸电解液 单独使用磷酸（H_3PO_4）做电解液，只有在较低的电流密度（0.1A/cm²）时，抛光效果尚好，当电流密度达到0.75A/cm²时，则发生点蚀现象。磷酸（80%）＋甘油（20%）加入5%～6%的水，在电流密度0.5A/cm²时，抛光时间<1min，效果良好。磷酸20%＋酒精80%作电解液，其导电性很差，即使加入水20%，也无济于事。

（5）硫酸电解液 硫酸可用水或甘油或乙酸酐或乙酸或磷酸或铬酸稀释。如硫酸20%＋乙酸酐60%＋水20%，电流密度0.2～0.5A/cm²，抛光效果良好。或硫酸20%＋乙酸70%＋水10%，亦良好。乙酸＋磷酸（任意比例）＋水10%～20%，广泛用于不锈钢抛光，有较好的覆盖性能，较大的导电性，当电流密度0.2～2.0A/cm²时，皆可使阳极抛光。

83. 有色金属（合金）的精炼程序规定先脱氢气后脱氧，可否倒过来进行？如不可，是何原因？

这对生产人员是很重要的问题。不可以先脱氧后脱氢，其原因可以从以下两方面概念去理解：首先铜液中氢和氧主要是来自大气和大气中水分的分解，$H_2O \longrightarrow [H]_2 + 1/2[O]_2$，氢和氧在铜液中的平衡常数是个定值，$K = [H]_2 \cdot [O]$，在炉气不变的条件下，铜液中的$[H]_2$和$[O]$溶解度，或者说绝对值互为消长，即氧多氢必少，或氢多氧必少，所以，在富氧的条件下脱氢较为有利。其次脱氢的机制是物理作用，是靠氯气或氮气等的流动带走铜液中的氢。脱氧的机制是化学反应，是靠对氧有较强亲和力（对铜而言）的元素与铜液中的氧化合成固态氧化物夹杂，随后除渣（如MgO、CaO、SiO_2、MnO等）。最广泛使用的是磷铜合金，因生成气态P_2O_5不形成固体夹杂物。在脱氢的过程中铜水沸腾，吸入更多的氧，也有利于降低铜液中氢气的溶解量。如果先脱去氧，铜液更易吸氢，在随后的脱氢过程中又吸入大量的氧。所以，有色金属的精炼过程是先脱氢（兼去夹杂物），后脱氧。

84. 用三角试片是否是炉前肉眼检验铁水中石墨球化的唯一方法？

在球墨铸铁件的生产过程中，普遍采用三角试片法已是事实，也确实是有效的方法，但不能说是唯一的方法，因为本人就使用过两种方法，其一是三角试片法；其二是笔者在多年实践中总结出的一种新的方法，名为肉眼观球法，两种概括方法如下。

三角试片法：将球化处理后的铁水浇入三角试片的砂型，待铁水凝固后，用铁钳取出试片，在空气中冷却到紫红色（低于700℃）时，淬入水中激冷至全黑时，打断试片后由技术人员肉眼凭经验观察断口色泽，如果断口呈现银灰色，带有少许分散的亮星，则说明石墨球化良好。金属基体主要是细珠光体，亮星少则珠光体少，铁素体多，如有黑点，则说明石墨球化不良，需补加球化剂，以挽救铁水。这一过程至少需要10min，如拖延时间再长，则使铁水中石墨球化衰退，影响铸件内部石墨球化程度和产品质量，所以炉前用三角试片鉴定铁水中石墨球化情况时，操作者动作很紧张，因力求在最短的时间内做出结论以指挥浇铸产品，实践证明少于10min是不可能的，所以笔者常用自己发明的"肉眼观球法"，因为不需要2min，即可做出判断。

参 考 文 献

[1] 许并社. 材料科学概论. 北京：北京工业大学出版社，2002.

[2] 左汝林. 金属材料学. 重庆：重庆大学出版社，2008.

[3] 宋维锡. 金属学. 北京：冶金工业出版社，1989.

[4] 顾宜，赵长生. 材料科学与工程基础. 北京：化学工业出版社，2011.

[5] 石德珂. 材料科学基础. 北京：机械工业出版社，2003.

[6] 李炯辉. 金属材料金相图谱. 北京：机械工业出版社，2006.

[7] 吴剑. 铸造砂处理技术装备与应用. 北京：化学工业出版社，2014.

[8] 王文清，沈其文. 铸造生产技术禁忌手册. 北京：机械工业出版社，2010.

[9] 李新亚. 铸造手册. 北京：化学工业出版社，2009.

[10] 李荣德. 铸造工艺学. 北京：机械工业出版社，2013.

[11] 李明照. 有色金属冶金工艺. 北京：化学工业出版社，2010.

[12] 黎文献. 有色金属材料工程概论. 北京：冶金工业出版社，2007.

[13] 许并社，李明照. 有色金属冶金1200问. 北京：化学工业出版社，2008.

[14] 刘鸣放，刘胜新. 金属材料力学性能手册. 北京：机械工业出版社，2011.

作者简介

朱家琛，天津市人，1951 年毕业于国立北洋大学冶金系，原机械工业部、机械科学研究院、沈阳铸造研究所副总工程师，铸钢铸铁研究室主任。

1955 年 3 月　沈阳市人民政府授予沈阳市劳动模范称号。

1982 年　国务院科学技术干部局授予高级工程师职称。

1983～1988 年　任联合国国际标准化组织（ISO）铸钢材料技术标准委员会（TC17），中国铸钢技术标准委员会（TC17/SC11CN）主席。

1984 年　机械科学研究院聘为研究生导师。

1985 年 8 月　获国家科学技术进步二等奖（抗冲击磨料磨损球墨铸铁的研究与推广应用）。

1986 年　国家标准局委聘为全国铸造标准化技术委员会铸钢技术委员会副主任委员。

1987 年　机械电子工业部授予教授/研究员级高级工程师职称。

蒋成勇，辽宁省沈阳市人，1998 年本科毕业于东北大学，2001 年在东北大学获得硕士学位，2004 年于中国科学院上海光机所获得材料学博士学位，2004～2010 年在宁波大学从事教学科研工作，2010 年在辽宁大学从事教学科研工作。主要从事新材料的研发。